做UXD
用户体验设计进阶教程

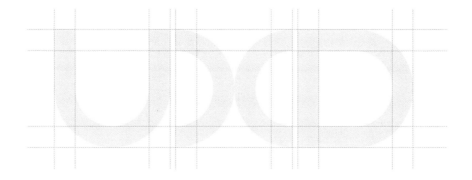

千夜 · 编著

电子工业出版社
Publishing House of Electronics Industry
北京 · BEIJING

图书在版编目（CIP）数据

做UXD用户体验设计进阶教程 / 千夜编著. -- 北京：电子工业出版社，2022.12
ISBN 978-7-121-44542-2

Ⅰ.①做… Ⅱ.①千… Ⅲ.①人机界面－程序设计－教材 Ⅳ.①TP311.1

中国版本图书馆CIP数据核字(2022)第214454号

责任编辑：高　鹏
印　　刷：中国电影出版社印刷厂
装　　订：中国电影出版社印刷厂
出版发行：电子工业出版社
　　　　　北京市海淀区万寿路173信箱　邮编：100036
开　　本：787×1092　1/16　印张：16　字数：409.6千字
版　　次：2022年12月第1版
印　　次：2022年12月第1次印刷
定　　价：99.00元

凡所购买电子工业出版社图书有缺损问题，请向购买书店调换。若书店售缺，请与本社发行部联系，联系及邮购电话：（010）88254888，88258888。

质量投诉请发邮件至zlts@phei.com.cn，盗版侵权举报请发邮件至dbqq@phei.com.cn。

本书咨询联系方式：（010）88254161~88254167转1897。

读 者 服 务

读者在阅读本书的过程中如果遇到问题，可以关注"有艺"公众号，通过公众号中的"读者反馈"功能与我们取得联系。此外，通过关注"有艺"公众号，您还可以获取艺术教程、艺术素材、新书资讯、书单推荐、优惠活动等相关信息。

扫一扫关注"有艺"

投稿、团购合作：请发邮件至art@phei.com.cn

RECOMMENDATION
推荐语

在消费升级的当下，用户体验已然成为每个公司的高频词汇。把视觉设计升级成为体验设计，是设计师当下最热的话题和重要的进步阶梯！千夜是UI中国推荐的设计师和新秀作者。本书内容专注在用户体验方法上，尤其是针对刚转型体验方向的设计师。我相信经过打磨后的本书内容一定会对读者有启发作用。

——UI中国用户体验设计平台　　创始人&CEO　**董景博**

这本书会让人受益匪浅，无论对初入职场的新人，还是对有工作经验的职场人士都有帮助。书中很多专业知识是作者长期积累的丰富经验，能让初入职场的新人少走很多弯路。我相信大家通过学习这本书，工作能力一定会有很大的提升。

——站酷推荐设计师　**梁宇龙**

千夜是一个非常喜欢思考的作者。从用户体验的思考角度来看，他更倾向于将理论与现实结合，而非空想。

本书以项目流程为线索，贯穿最实用的UX方法和设计原理。读者只需在实际工作中运用本书提供的一系列工具展开用户调研和交互设计，就可以取得不错的成果。在最后一个章节中，千夜也归纳总结了当下行业里新人会遇到的一些问题，并给出直接有效的应对措施。

真理只能努力逼近，真诚却可以感同身受。相信你也会喜欢真诚的千夜，以及他认真编写的这本设计实用知识书。

——站酷网总编　**纪晓亮**

作为优设网长期作者，千夜扎实的基础和丰富的案例经验一直受读者欢迎。这本书沿袭了他一贯的行文风格，不拘泥于晦涩的理论，通俗易懂，能将重要的知识点和案例生动结合起来。本书的内容从设计到职场都有涉及，刚入行的设计师如果难以啃下大部头，也不想接受太多碎片化的知识，那这本书就再合适不过。

——优设网主编　**程远**

当下互联网中，用户体验（UX）的概念都已经渗透得差不多了，但落实到工作中，我们还是经常能遇到"提笔忘字"的情况。例如在设计的过程中忘记推导的方法，在宣讲时忘记前人沉淀的观点，以至于过程不那么顺利，甚至略有些"坎坷"。这本书中整理了大量方法论，不仅包含设计基本法则，同时还有设计心理学的相关方法，作者通过案例来阐述方法，将过往深奥的道理浅显易懂地描绘出来，帮助设计师们弥补实际工作中上下衔接的问题。

——腾讯前高级UI设计师　**林晓东**

非常荣幸能够为千夜的新书写推荐语。我和千夜第一次接触，是在站酷看到他的文章，一篇关于用户体验和B端产品设计的经验分享。我认为他是一个思想非常活跃、创新，并对设计方法论有自己见解和实践经验的优秀设计师。

我作为一名经历过转型的交互设计师，深知行业对从业人员高要求的现状。本书内容针对目前设计师身上常见的知识诉求、能力瓶颈进行知识建设，涵盖了用户体验、交互设计，以及能够让设计师增加职场竞争力的用户研究方法等，这正是当代互联网产品的设计师需要涉足的技能领域，可以说完整记录了千夜的实践经验和设计思考。全书没有隐晦难懂的语句，深入浅出，通过理论结合案例方式，将用户体验设计的方法逐层剖析。本书非常适合交互设计师、UI设计师、用户体验设计师，以及即将从事用户体验相关岗位的人群阅读，学以致用，诚心推荐！

——UXD笔记主理人、站酷推荐设计师　**黄梓暄**

这是一本能与读者谈心和提升自我价值的书。千夜是一个有着丰富经验的产品设计师，在本书中他详细又清晰地介绍了丰富的UX专业知识，并为设计师成长提供了思路——研究用户、了解用户、用客观的分析工具去解决问题。

真正吸引我的是作者写作的诚恳态度，很实在的专业知识，没有半句废话。通过案例的引导，读者很容易感同身受，阅读起来就能更快地吸收。传递有价值的信息一定要精简易懂。

——站酷推荐设计师　**七七六**

千夜是一位踏实、经验丰富、能力强的设计师，我们认识也大概三四年了，他的每一篇文章和分享都值得思考与学习。

阿里、腾讯等企业都开始大力招收全链路设计师，这意味着从业者掌握更多商业化设计知识和经验会更受市场欢迎。适当了解一些交互体系知识、商业化变现、数据复盘等知识，能帮助从业者在未来解决更多棘手的问题，也会使自身更有竞争力。

全局视野，行业认知，强大的综合能力都是资深设计师应该具备的职业素养。希望读者能通过本书使自身能力更扎实。

——氢时光创办者，曾任职于百度、腾讯，站酷推荐设计师　**雨成**

这本书值得新入行的UI设计师们一看。现阶段停留在视觉表层的初、中级UI设计师是非常多的，这些设计师若想提升自己的理论知识，每天看大量的设计类文章是不行的，因为这些知识点是比较碎片化的。本书涵盖了作者对于用户研究方法论和交互设计方法论的独特的经验见解，对知识点的剖析也比较深刻，并且归纳总结了一些冗杂的知识点，很有学习价值。

——设计师　**林超黑**

PREFACE

推荐序

体验设计是过去十年被反复提及的概念。

它诞生于交互设计、界面设计以及服务设计之中，引起了众多从业者追捧，甚至有很多人为此争辩不休。

对于这个概念，最主流的观点是："它是用户在使用产品过程中建立起来的一种纯主观感受。"但我们都知道，如果仅凭主观意念评定好与坏，大概率会让设计走上艺术化的路，脱离事实而由灵感驱动。

恰恰体验设计是一门科学，遵循理论，需要依据，特别是对于一个界定明确的用户群体来讲，其用户体验的共性是能够由设计实验来获得的，所以有迹可循、有理可依也是用户体验设计的显著特征。

当然，在近10年不断发展的互联网大环境下，技术创新与其形态正在发生转变，用户体验也在经历前所未有的大转变，设计师在经历了过去观感体验到现在链路体验的模式变化，你会发现以前设计师们总考虑用户怎么看起来舒服，怎么看起来美观，那么当下的设计就是为了用户怎么用起来方便，怎么用起来高效而奋勉。所以，以"使用便捷、操作高效"为设计目标，成了如今产品设计的主流。因此，如何推动目标、证明结果，成为每一个设计师苦恼不已的问题。

本书提到了大量的方法和观点，涉及基本的设计推导理论及认知心理学等，除了可以帮助年轻设计师们搭建一个相对完整的知识储备库，还可以有效地帮助这个群体在完成目标的路上进行系统化思考，让其设计之路走起来更快、更省劲一些。

另外，在跟干夜沟通的过程中，我也有幸提前读过本书的样稿，与其他设计垂直类读物略有不同的是，这本书模糊了很多固有边界，包括C端和B端的边界、理性和感性的边界、过去和未来的边界等，你甚至可以从任意一个知识点中找到另一知识点的答案，反之同样也成立。这种论述也能看得出，虽然场景不同，但设计的底层相通；解决问题的方式方法虽有区别，但也是大同小异，这也许就是本书的魅力吧。

闫界

PREFACE
前言

前几天，有一个读者找到我，说自己马上就要大学毕业了，但是非常困惑，不知道自己毕业以后何去何从。

我不知道本书的读者当中会有多少人还是大学生。但是我相信大多数的人在面对毕业这件事的时候，都会有一种颇为惶恐的感觉。如果你现在正在思考这样的问题，那不妨听听我当时的经历。

上大学时我的目标就是想要做一名交互设计师，因为我对交互设计非常感兴趣，尤其是面向用户体验的部分。但是，当时的市场上相当多的公司连UI设计师和平面设计师的职能区别都搞不清，他们会要求一个UI设计师在设计界面的同时，也能去实现一部分前端开发的工作，更不用说会有专业的交互设计师岗位。思考再三，我还是决定从UI设计入手，开始我的设计入门之路。

从学校来到社会，找实习工作这段经历也比较坎坷，毕竟对一个刚踏入行业不久的人来讲，很多概念都是模糊的，自我感觉能力还是不足。不过还好当时行业中的岗位缺口还比较大，对新手还比较友好。在稳定下来后，我开始从事做B端产品的设计，到现在已经是第六年了。

事实上，所有从事设计的人员都可能会感受到这样的一个痛点：每经过很长的一段时间，就会出现一段疲惫期。在疲惫期中，很多人会厌倦甚至厌烦所做的工作，我也不例外。工作之后面对自己的学生心态以及未来能够预见到的压力，我长时间处于一种低压的状态。2017年7月，我在站酷注册了账号，主要是为一些即将毕业的大学生，以及刚入门的设计师们解答设计上的问题，也方便自己在工作之余能对知识点进行学习和整理。写到现在大概已经积累了近三百万的人气。在这个过程中，我受到了一众前辈和朋友们的帮助，也帮助到了一些新人设计师。但是，当出版社的编辑找到我约书稿的时候，我还是犹豫了，理由很简单：写一本书对于任何一个从事互联网行业的人来讲都是一件非常耗费精力的，而我又是一个非常懒的人。最终让我决定分享经验的原因有以下两点。

首先，这个行业的竞争逐渐变得激烈，同一岗位的竞争加剧，很多公司越来越看重一线城市、互联网大厂的工作经验，甚至还有一些人为了赢在面试的起跑线上，去伪造一些互联网大厂的工作经历。就我个人而言，我工作的城市并不是在互联网行业热门的城市（北、上、广、深、杭），也不是BAT之类的一线互联网公司。因此很多时候我会通过学习、写分享提升自己的能力。同时，也希望分享自己的经验，帮到更多的人，在这个行业内逐渐形成自己的一点竞争力。这就是我逼迫自己不断学习、总结、分享的首要原因。在这个UI设计师、UX设计师已经逐渐饱和的时代，与其浪费时间不断抱怨，不如努力提升一下自己。

其次，这是一个快速阅读的时代，很多设计师每天都在接受各种各样的知识输入，对于那些听起来高大上又酷炫的原则、法则和理论，很多人仅限于"懂"或者"看过"，并没有形成自我理解，我期望能通过这本书引导新人们去理解理论并对此有深刻的印象。

在本书中，我会讲解UI设计师需要理解的交互和体验设计方面的知识，针对想入行的新人以及入行1~3年的UI设计师读者，我想要讲的内容就是：应该向哪一个方向去发力做一个更全面的设计师，并且我会在里面穿插一些自己的工作和生活的经历。你也许可以通过这本书中的内容看到自己的影子。

现在各种平台上还是有很多人在问："转行做UI或UX设计师还有前途吗？"底下评论区里的很多回答会告诉你，这是对UI设计师最好的时代，但我要告诉你的是，伴随着UI行业成为热门，竞争也越来越激烈，这对于水平相对较高的UI设计师而言，的确是最好的时代，但是对于水平相对一般的设计师而言，他们往往会丧失掉大量的机会，因为他们已经被资本的寒冬和市场的冷静击退了想跳槽的勇气。

曾经有一段时间我也感到非常迷茫，我试图从一些新人设计师的眼中了解自己，但我从不认为我是他们眼中所谓的"大神"。我也曾经不断反思自己存在的意义，也有过后悔做设计，甚至想过再也不要做设计了。我觉得每一个刚刚走入社会的人都是如此，面对着从学生到职场人的身份转换，从被家庭保护到开始肩负起家庭的责任，你可能会遭受难以承受的压力，可能会体验到一些真实生活对你的"毒打"，也可能会感受自己的潜力被榨干之后的无力。这个行业就像围城，我见过很多人想踏入这一行却在迟疑，也见过很多人因为踏入这一行而后悔，用一句你也许听过的话结束这段前言："人生没有白走的路，每一步都算数。"

千夜

CONTENTS
目录

CHAPTER

04

交互设计：让你的产品更加耐用

CHAPTER 05
会用到的方法分析

CHAPTER 08

设计师如何面对B端产品设计

CHAPTER 09

远离"误区"：常见的认知偏差

CHAPTER
10
设计新人如何走好
未来的路

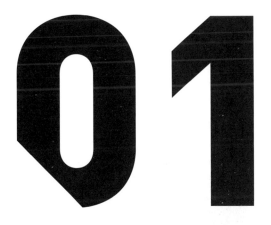

CHAPTER

01

我们面对的环境

1.1
互联网发展与UI设计

自从"互联网＋"的概念被提出之后，一些能与"互联网＋"概念相结合的行业都逐渐变得热门起来，海量的资本开始涌入互联网行业，有非常多的互联网企业诞生，有的在行业竞争中脱颖而出成为独角兽，有的成为了行业内的领先者，有的成为了行业内市场份额的有力竞争者，当然更多的公司仅仅是昙花一现。

互联网＋

这些互联网公司的大量诞生，催生了互联网行业岗位的大量需求，顺带引发了行业里的　阵就业热潮，这个阶段有点像供需关系中的"供过于求"，待招岗位的数量远远大于应聘岗位的人数。在2013年、2014年时，新手设计师只要会做一点儿基础的UI界面设计稿，就能找到工作。2015年，哪怕应聘者投递出的简历并不完美，也依旧会有一些公司愿意从培养设计师的角度给面试者发放Offer。

随着移动端的崛起，UI设计这个行业开始迎来了黄金阶段。基本上当时学设计专业的学生，如果毕业以后不想从事自身所学的设计专业，相当多的人会考虑转行做UI设计。尤其是近几年扁平化设计风格的流行，更是大大地降低了UI设计的学习和工作的难度，让UI设计成了更多人的优先选择。

而很多行业之外的人看待设计师、包括很多新人在刚踏入行业时被灌输的一种思想是，UI设计师是一种非常高大上的职业，但是在实际工作的过程中我们会发现，哪怕我们是甲方公司，大多数情况下也是处于乙方的位置。在大部分的公司里，对于设计水平的评价，甲方有着相当大的话语权，所以UI设计并不是一个能完全掌握主动权的职业，这也导致设计师们在发挥创意想法的过程中可能会受到一定限制。

需求沟通是设计师工作中很重要的环节

从2015年到现在，设计师周边正发生翻天覆地的变化，设计师的工作效率大大地提升了，一方面是随着时间的增长，设计师自身的能力在稳定提升，但是更多的原因是各种提升设计效率软件的出现，例如Sketch，以及一些便捷插件，大大降低了设计师工作的难度。站在设计师自身的角度上讲，这是一件非常好的事情，可以提升工作效率，使设计师工作起来更加得心应手，但是从另一个角度来看，当UI设计的工作难度被大大降低的时候，UI设计这个行业的门槛也变得越来越低。海量的人开始涌入这个行业，对于很多人而言，竞争压力开始变大，设计师需要掌握的知识和技能也越来越多。

设计插件 -Kitchen

1.2
互联网的发展历程

现在提到互联网，大多数从业者会想到的是BAT（百度、阿里、腾讯）以及字节、美团、滴滴这些非常知名的互联网公司。而实际上国内互联网发展至今已经经历了几个大阶段。

互联网发展阶段

1.2.1 初期阶段：门户网站

门户网站阶段最典型代表就是我们熟知的网易、新浪、搜狐等门户网站。在这个阶段，互联网产品的关键点在于"信息聚合"。在门户网站的阶段，用户从互联网中获取信息的方式相对比较单一，也没有形成自己固有的使用习惯，而门户网站本身作为内容的聚合方，它们的作用是将信息聚合起来让用户通过自己的需求和偏好查询和浏览。

门户网站

而门户网站阶段的缺陷是，很多的门户网站自身仅仅是作为连接用户与信息的桥梁，无法将用户完全累积沉淀下来，难以形成特有的竞争优势。在门户网站阶段，大量的用户都聚集在头部门户网站，小型的门户网站所能获得的用户流量相对较少，许多门户网站更是在后来受到了来自移动端产品的冲击，流失掉非常多的用户。

1.2.2 第二阶段：PC端产品

在这一阶段，互联网产品的载体依旧以PC端为主，同时伴随着很多细分领域的PC端产品的出现。例如百度在此阶段就出现了"百度贴吧""百度知道""百度空间"等产品。在此阶段，很多的产品开始聚合用户，形成了固定的用户社群，大大提升了产品的核心竞争力。

这一阶段相对于门户网站阶段而言，最大的优势就是产品开始通过账号与用户产生更密切的关联，用户与用户之间也开始产生一对一（交友）和一对多（社群）的联系。但是该阶段的缺点也是十分明显的，用户受限于PC端载体，因此用户的活跃度会受到一定的限制。像我在初中和高中时代，因为移动端尚未普及，只有在家里的时候我才有时间上网，每天使用计算机的时间可能也只有1~2个小时。并且由于这一点，互联网产品在离开PC端之外的一些线下场景也存在非常大的使用限制。

百度贴吧

1.2.3　第三阶段：移动端产品

随着移动端设备的普及，在PC端阶段中相对封闭的线下场景开始被大量打破，在这一阶段
出现了大量的移动端产品，它们解决了之前因受信息载体限制而无法在线下被处理的用户需
求。在今天生活的我们似乎也难以想象多年前的场景：QQ只能在计算机上使用，如果要去
一个陌生的地方买东西，先要在计算机上搜索到相关的地点并且用纸条记下来。这些都是
PC端时期产品的局限，用户无法随时随地享受产品提供的服务。从另一个角度看，想象一
下如果没有智能手机，我们现在的生活会是什么样子？

移动端的普及让人们可以随时随地使用产品

在用户使用场景被打通的同时，互联网产品的发展方向也在这个阶段发生了变化，产品的核心价值开始由"提供信息"向"提供服务"转变。在移动端尚未普及的时代，产品的使用场景相对固定，在我们的生活中出现一些需求的时候，我们的使用重点还是在于通过网络获取有价值的信息。例如当我需要复印试卷的时候，以前我会通过PC端搜索，确定要去哪一家复印店。而现在我只需要打开手机上的相关软件，搜索复印店，搜索结果不但有商家的联系方式方便与商家取得联系，还可以查看他人对于这个商家的服务评价作为参考避免踩坑。

美团 - 商家评价

随着移动端的普及，用户使用产品的场景也开始逐渐"碎片化"，我们会发现越来越多的用户都很难长时间地使用同一款产品，这给了许多产品异军突起的机会。但是同样地，当人们随时随地都能够使用产品的时候，产品能为用户提供的价值已经不仅仅是信息，而是服务。在这种情况下用户会对产品抱有更高的期望，用户体验的重要性开始显现出来。

各式各样的移动端产品

1.2.4 第四阶段：未来

这是我们正在经历的阶段，互联网发展在经历过之前的三个阶段后，对于日常生活中的一些需求我们已经有了足够多的选择。例如我们会通过美团外卖和饿了么点外卖，通过抖音、快手等产品看娱乐类的短视频等。在每一个细分场景下享受着多种选择的同时，用户每天也在接受着大量的信息冲击。在这种情况下，如果产品能推荐让用户更感兴趣的内容，就更容易得到用户的认可。例如外卖类产品给用户推送他可能感兴趣的门店，资讯类产品会给用户推送他可能感兴趣的新闻。再向着未来展望一下，随着AI等技术的进一步发展，我们的生活会更加智能化，甚至未来生活中我们使用的信息载体可能也会发生巨大的变化。对于设计师而言，未来的工作中也可能面临更大的挑战。

视频类软件推送你感兴趣的内容

1.3

行业内常见的名词

1.3.1 用户界面设计（User Interface）

用户界面设计，即User Interface，也就是我们平常说的UI设计。在User Interface一词中，Interface的前缀Inter意为"在一起、交互"。因此，User Interface一词并不单单指的是对界面的视觉设计，还包含了一定交互设计的概念。

当现在我们讲到UI设计时，多数情况下指的都是GUI（Graphical User Interface，图形化用户界面），例如用户日常使用的App界面。而UI设计除了有图形化用户界面的含义，还有其他的一些意思，例如游戏UI界面、语音用户界面、对话用户界面等概念。

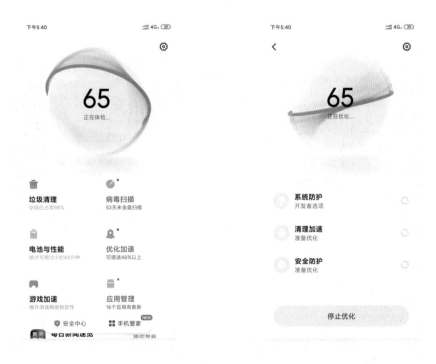

小米手机管家 UI 界面

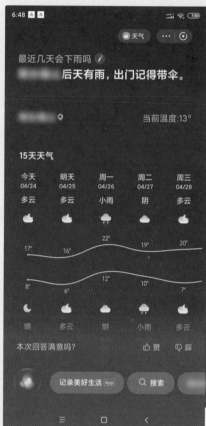

小爱同学

游戏化 UI

1.3.2 用户体验（User Experience）

用户体验，即User Experience，也就是我们平常说的UE/UX设计。用户体验指的是用户在使用产品的过程中产生的主观感受。有一部分初学者可能会将UE理解为交互设计、UX理解为体验设计，其实UE或UX指的都是用户体验，之所以用户体验一词会有UE和UX两种写法，是因为在国内对于用户体验的缩写多为UE，而在国外大多将用户体验一词缩写为UX。

关于用户体验，可以举一个生活中的例子，当你需要进行长途出行的时候，通过网络平台订购了一张汽车票。当你到达汽车站、站在自助取票机前取票的时候，会发现自助取票机上刷身份证的面板是倾斜的。这样设计的原因是，考虑到很多人在时间不是很充足的情况下，取完票后会第一时间奔向检票口上车，很容易遗忘身份证。因此，将自助取票机的身份证面板设计成倾斜的，用户在取票的时候始终需要用手按住身份证，这样就大大降低了用户在取票后将身份证遗忘的可能。

自助取票机

1.3.3 以用户为中心的设计 (User-Centered Design)

以用户为中心的设计，即User-Centered Design，缩写为UCD。UCD强调在设计过程中要以用户体验作为设计决策中心，并强调用户优先的设计模式。简单来说就是在产品设计、开发的过程中要时刻考虑用户的使用习惯、期望的交互方式、用户的使用感受，不要让用户被动地去适应产品，为用户营造良好的用户体验。

1.3.4 交互设计（Interaction Design）

交互设计，即Interaction Design，缩写为IxD。交互设计的主要作用是定义人与系统如何进行互动，即用户应该如何操作产品、产品对于用户的不同操作应该如何响应和反馈。

举个例子，每天早上手机闹钟会准时叫我们起床，如果你还是觉得困倦想要再休息一会儿，摸索着找到手机，在屏幕的任意一处轻点一下，使闹钟暂时停止，十分钟之后会再次响铃。如果你处于清醒状态，则要在屏幕上按住闹钟区域进行向上滑动的操作关闭闹钟，并在你上滑闹钟的同时，当天的天气信息会跟随着上滑的动作出现在你的手机屏幕上，这就是交互设计的一种应用场景。

手机闹钟

1.3.5 心智模型（Mental Model）

心智模型又称心智模式，指的是人们在面对一件事情时的内心判断，它影响我们如何了解这个世界，如何采取行动的许多假设、成见、图像、印象，是对于周围世界如何运作的既有认知。简单来说，我们从已知的事物上获得经验，再运用到对未知事物的认识上。

家用警报器

例如在我第一次看到家用报警开关的时候，从颜色来看就知道它代表着"危险、警报"的意思，通过圆形的方式联想到它的使用方式应该是按压，从下面的钥匙孔形状可以联想到大概是在按压之后警铃声响起时，可以通过将解锁钥匙插入下面的钥匙孔解除警报状态。

1.3.6 虚拟现实技术（Virtual Reality）

虚拟现实技术，即Virtual Reality，缩写为VR，是将计算机的图形系统与其他的输出设备结合，为用户生成可感受的、可交互的虚拟环境。VR设计的运用场景也比较广阔，例如运用在教育领域提供更多样化的教学方式，提升学习效率；在游戏领域提供更新奇的游戏体验；在场景领域提供更真实的观看体验。

VR 设计运用场景

1.3.7 增强现实技术（Augmented Reality）

增强现实技术，即Augmented Reality，缩写为AR，是一种将虚拟信息与真实世界进行融合的技术。AR通过计算机技术将虚拟的信息叠加到真实世界中。比较典型的例子就是在英雄联盟S7总决赛开幕式中降临鸟巢的远古巨龙、一些AR类的游戏和地图类的导航功能。

地图 –AR 导航功能

1.3.8 O2O（Online to Offline）

O2O（Online to Offline），线上到线下，指将线下的商业机会与互联网结合，让互联网成为线下交易的平台。消费者在线上进行消费，在线下享受服务。例如美团App，我们在线上付款预订酒店，在线下的酒店出示二维码登记入住。

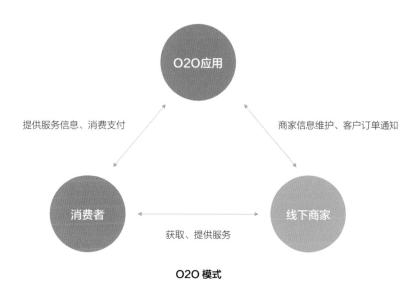

O2O 模式

美团－酒店预订

1.3.9 C2C（Customer to Customer）

C2C（Customer to Customer），个人对个人，指的是消费者与消费者之间的交易。例如阿里旗下的产品"闲鱼"为用户之间搭建了交易闲置物品的平台。卖家可以在平台内上传自己闲置物品的图片、信息和报价，买家可以在平台内选择自己想要的闲置物品，与卖家进行沟通、付款下单。

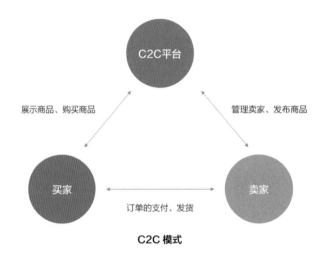

C2C 模式

上传物品、购买物品

1.3.10　B2B（Business to Business）

B2B（Business to Business），是指企业与企业之间通过专用网络或Internet，进行数据信息的交换、传递，开展交易活动的商业模式。它将企业内网和企业的产品及服务通过 B2B 网站或移动客户端与客户紧密结合起来，通过网络的快速反应，为客户提供更好的服务，从而促进企业的业务发展。

1.3.11　P2P（Peer to Peer）

P2P（Peer to Peer），意为个人对个人，又称点对点借款。它是将小额资金聚集起来借贷给有使用资金需求人群的一种民间借贷模式。P2P模式的主要盈利点来自借款之间的利息差。早年间P2P产品过多，彼此之间竞争激烈，疯狂抢夺用户，很多的P2P产品由于运营不善、挪用本金偿还用户利息等，频频暴雷。

P2P 模式

1.3.12　F2C（Factory to Customer）

F2C（Factory to Customer），指从厂商到消费者的模式。F2C模式提出可以通过将商品由厂商直接提供给消费者的方式，节省商品在市场中间流转环节的成本，让消费者用更加低廉的价格获得产品。

常见模式与 F2C 模式的对比

F2C模型可以运用的领域有很多，例如在家装行业，很多装修公司都会在宣传中讲到，为客户进行设计后可以直接向工厂下单，通过这样的方式来展示他们能为客户节省大量的装修成本，以便于争取到更多的客户。

1.3.13 产品需求文档（Product Requirements Document）

产品需求文档，即Product Requirements Document ，缩写为PRD。很多读者在日常工作的过程中应该都会接触到产品需求文档，在日常的工作中，产品需求文档承担着为产品团队的各个角色明确需求的任务，包括背景需求的描述、产品功能的流程图、产品的低保真原型图等。

1.3.14 最简化可实行产品（Minimum Viable Product）

最简化可实行产品，即Minimum Viable Product ，缩写为MVP。最简化可实行产品的作用是用最小的开发成本得到一个可用性的产品来与用户进行沟通，验证产品是否符合用户的期望，并根据用户的反馈及时地对产品进行优化和调整。

1.4
相关岗位

1.4.1 产品经理

产品经理负责结合公司的发展战略与用户的反馈，在进行分析后，对产品进行规划，提出产品解决方案，协调多方资源，使产品按时完成开发和上线。产品经理的主要职责有以下几个方面：

◆ 对市场风向与竞品动态保持持续关注，参与市场调研与用户研究。

◆ 深度挖掘用户的需求，结合公司的战略对产品进行规划。

◆ 跟进整个产品的开发进度、协调各个岗位之间的配合。

◆ 在产品上线后根据相关数据去分析判断产品的运营情况。

1.4.2　交互设计师

交互设计师则是秉承以用户为中心的设计理念，以用户体验度为原则，对交互过程进行研究并开展设计的工作。

交互设计师的主要职责有以下几个方面：

◆ 参与用户调研，了解产品用户的情况，梳理产品中的体验问题，构建用户画像。

◆ 建立产品交互框架与交互设计规范，并进行持续的迭代优化。

◆ 根据产品的功能需求输出详细的交互文档与交互设计稿。

◆ 跟进交互设计稿的推进，持续关注视觉设计与开发效果。

1.4.3　UI设计师

UI设计师指从事对软件的人机交互、操作逻辑、界面美观的整体设计工作的人。

UI设计师的主要职责有以下几个方面：

◆ 与产品经理一起讨论产品功能，从用户体验的角度对产品的设计提出建议。

◆ 制定产品整体的界面风格，输出产品视觉规范，并进行持续的迭代优化。

◆ 对交互设计稿进行视觉化设计并在UI界面设计完成后，与开发人员进行对接沟通，并关注设计落地结果。

此外，在很多规模较小的互联网公司，因为人员成本和岗位设置等原因，UI设计师还要负责更多类型的设计工作。

1.4.4　前端开发工程师

前端开发工程师的主要职责有以下几个方面：

◆ 通过使用HTML、CSS、JavaScript等技术完成前端界面的实现。

◆ 与后端开发工程师进行沟通，调试数据接口。

◆ 对界面的性能进行优化。

1.4.5　后端开发工程师

后端开发工程师的主要职责有以下几个方面：

◆ 参与产品后端与架构的设计工作，承担功能代码编写，完成具体业务逻辑的实现。

◆ 维护产品项目开发过程中相关需求编码的文档编写。

◆ 对性能进行优化调整，提高产品稳定性，对系统架构进行完善。

1.4.6 测试工程师

测试工程师作为软件质量的把关者，工作内容主要包含以下几个方面：

◆ 参加与产品测试相关的流程，例如需求分析、设计评审等。

◆ 编写测试计划、规划详细的测试方案、编写测试用例。

◆ 确保测试内容的质量，并就测试中发现的问题进行记录，再与相关人员探讨解决方案。

1.4.7 运维工程师

运维工程师最基本的职责都是负责服务的稳定性，运维工程师的主要工作内容有以下几个方面：

◆ 负责网络及设备的日常维护、管理和故障排除。

◆ 负责维护公司的网络环境，确保能够安全平稳运行。

◆ 对公司的系统数据进行维护。

◆ 排除工作中出现的软、硬件故障。

1.4.8 产品运营

产品运营主要的工作内容有以下几个方面：

◆ 负责梳理产品各个模块在运营方向的指标，并对线上的用户数据进行分析和整理。

◆ 对用户画像进行分析并且与用户进行适当的沟通，了解用户的想法。

◆ 收集用户痛点并提出相应的解决方案，并与产品部门进行沟通。

CHAPTER

02

用户体验知多少

最近几年，经常在站酷和 UI 中国等论坛浏览作品的设计师们可能会发现，在 UI 版块的设计作品中，用户体验和产品交互层次思考的部分开始逐渐增多。这是由于现在的互联网环境已经脱离了早年的"匮乏期"，每一个行业中都有非常多的同类型产品在相互"厮杀"，在彼此具备的功能比较类似的情况下，哪个产品能让用户使用得更加舒心，可能就会具备更强的竞争力。随着用户体验在很多互联网公司中的重要程度也不断提高，很多公司在招聘设计师的时候也会对用户体验方面的能力进行考量，因此很多的设计师也就慢慢开始重视对用户体验知识的学习。

2.1
什么是用户体验?

用户体验(User Experience,简称UE或UX),指的是用户在使用产品的过程中产生的主观感受。在ISO 9241-210标准中将用户体验定义为"人们对于针对使用或期望使用的产品、系统或者服务的认知印象和回应"。

用户体验一词最开始由唐纳德·诺曼在20世纪90年代提出,而诺曼在评价"用户体验"一词说过:"发明这个词的原因是我认为用户界面和可用性涵盖的范围太窄,因此想通过一个词涵盖用户体验的各个方面,包括设计、图形、界面和交互。"用户体验包含的范围很广(不仅仅局限于互联网行业),许多人在生活中也经常会遇到一些用户体验好或者差的产品。很多优秀的用户体验并不一定让人感觉非常的"惊艳",而是用一种非常自然的方式让用户感到愉快。

例如在日常生活中,当你想打开一杯果冻,用手捏住上面的密封包装想要揭开的时候,如果能够非常自然地将上面的包装揭开的话,你就会感觉非常舒服。如果在揭开的过程中出现了困难,你则会感觉有一丝烦躁。如果在费力撕开包装的瞬间,里面的果汁撒了你一身,你会更加无奈。因此大多数的食品公司都开始在包装上进行研究,避免使用者在使用的过程中出现类似的困扰。像一些产品也会拿包装开启时"顺滑地一撕"作为宣传点,来向客户展示企业注重用户体验提升。

早年间经常玩网页游戏的读者可能有过这样的经历,当你费尽力气通过一个高难度的游戏任务后,单击"开始下一关"时,游戏突然黑屏,你在无奈之下刷新了网页,重新进入游戏的时候才发现刚才的通关记录没有被存档,只能重新再来。

果冻

网页游戏

由于当时有的游戏实在是太不稳定了，经常导致系统崩溃，使得我后来会选择玩那些本身带有自动存档功能的游戏。这其实就是用户体验在无形中影响着用户，在经历过太多的糟糕体验后，用户会逐渐明白他们想要的是什么、什么才是更好的。

针对用户体验这个概念，信息架构师 Peter Morville提出了用户体验蜂窝图，其框架以"价值实现"为核心，包括"有用性、可用性、满意性、可获得性、可寻性、可靠性、价值"七个模块。

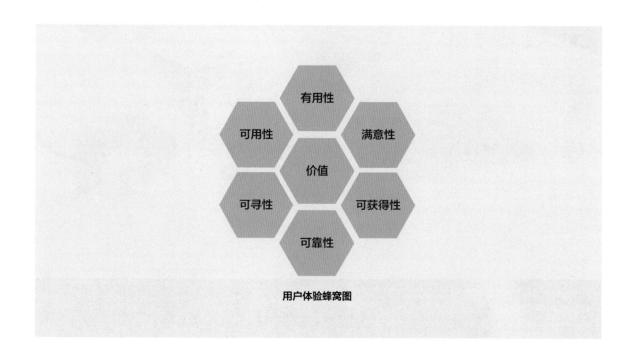

用户体验蜂窝图

用户体验模块

价值	产品必须具备一定的价值，即目的实现、盈利实现
有用性	设计方案是否有用，是否能够帮助用户实现他们的目标，是否需要根据用户群体的变化对设计做出调整以及产品是否能够可以帮助到更多类型的用户
可用性	设计方案是否易于使用，与之前的设计相比是否更有效率，对于新用户而言是否能够轻松上手
满意性	设计方案是否让用户满意，是否能通过这样的设计提升用户黏性，是否代入了品牌价值与特性，是否代入了用户情感
可获得性	是不是所有用户都能使用你的产品
可寻性	用户是否能够很方便地找到使用你的产品，以及快速地找到想使用的功能
可靠性	产品是否安全，是否能获取到用户的信任

2.2
马斯洛需求

马斯洛需求理论是用来研究分析人类需求结构的理论，由美国的心理学家亚伯拉罕·马斯洛在1943年的《人类激励理论》中提出。马斯洛需求基于三个基本假设。

第一，人要生存，他的需求能够影响他的行为。只有未被满足的需求能够影响行为，已经被满足的需求不能继续充当激励工具。

第二，人的需求按重要性和层次性排成一定的次序，生理需求到自我实现。

第三，当人的某一级需求得到最低限度满足后，才会追求高一级的需求，如此逐级上升，成为推动个人的内在动力。

在这三种基本假设的基础上，马斯洛需求将人类的需求从高到低分成五个层次。

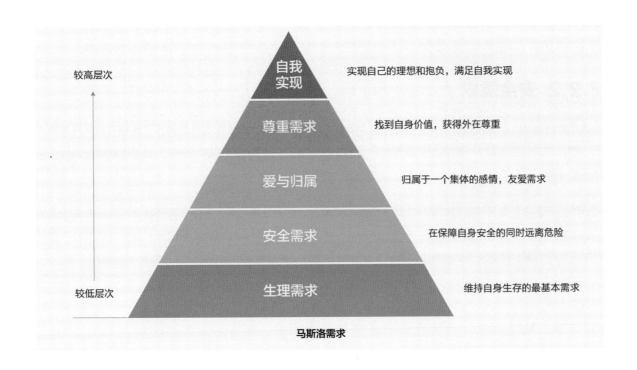

马斯洛需求

2.2.1 生理需求

生理需求是一个人维持自身生存的最基本需求，例如饥、渴、衣、住、行和健康方面的需求。对于一个人来说，生理需求是最重要的需求，只有当生理需求被满足的时候，才会想要追求更高层次的需求。

如果一个人的生理需求没有得到满足，那他对于其他层次需求的期望度会大大降低。并且当一个人的生理需求长时间得不到满足时，他的思考能力和道德观念会变得十分脆弱。例如在过去，古代封建王朝常常因为天灾导致粮食短缺，继而引发流民暴动与士兵哗变等情况。

生理需求

2.2.2 安全需求

安全需求指的是人在保障自身的安全、稳定和健康的同时远离危险、痛苦和疾病的需求。人都有趋利避害的本能，例如许多人会去追求一份稳定的工作与安全的工作环境。一些福利很好的公司会为员工缴纳商业保险和提供定时体检。

同样地，许多人在购买商品时也会格外注意商品的安全性、健康性等问题，例如在购买食品时会格外关注商品的保质期，在购买生活用品时会关注产品是否兼备一些安全的功能，例如在购买加湿器时会关注产品是否具备防干烧功能，有时也会出于规避危险的目的主动去购买商品，例如燃气泄漏警报器、甲醛检测仪等。

安全需求

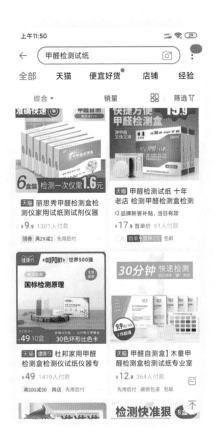

人们会主动去购买能够预防危险的产品

2.2.3 爱与归属

当一个人的生理需求和安全需求都被满足的时候，他会开始渴望与别人建立一定的交际关系，得到别人的尊重、关心和照顾，得到属于自己的爱情，这就是爱与归属需求。

爱与归属

在这里可以做一个思路拓展，有着爱与归属需求的用户，他们的一些需求都可以对应到现在的互联网产品中。

◆ 期望能够与自己的朋友保持比较融洽的关系。（熟人社交产品）

◆ 期望能够在自己的社交圈之外，认识更多的新朋友。（陌生人社交产品）

◆ 期望通过更多的社交渠道，找到自己的爱情。（恋爱交友产品）

◆ 期望通过一些平台，认识更多同行业的朋友。（职场社交产品）

社交产品的类型

2.2.4 尊重需求

尊重需求属于较高层次的需求，例如追求个人的成就、名声、地位和晋升等。每个人都希望自己能有稳定的社会地位，期待自己的能力和成就可以被社会认可。尊重需求可以分为内在与外在两种类型。

从内在的角度看，人希望自己能够保持自我尊重，始终对自己有足够的信心。

从外在的角度看，人希望自己能够在社会中获得更高的成就，得到别人尊重。

尊重需求

2.2.5 自我实现

当一个人满足了上述的四类需求后，他会追求自我价值的实现。在这个层次人们期望能够挖掘自己的潜能，实现自己的理想和抱负，满足自我实现的目的。

在马斯洛需求的原理的框架中，五种需求按照金字塔阶梯排列。但是它们的次序并不是完全固定的，根据实际情况不同也可能会发生一定的变化。生理需求、安全需求和爱与归属的需求属于较为基础的需求，尊重需求与自我实现属于较高层次的需求。

人可能在同一时期有多种需求，但是一定会有一种需求处于主导地位。当一个人的低层次需求被满足后，他的注意力会向高层次需求转移，同时，低层级需求并不会消失，但是其影响力会大大降低。此外，马斯洛需求还认为，一个国家的经济、科技发展水平和人民受教育程度决定了这个国家大部分的人所处的需求层次。

2.3

用户体验五要素

在《用户体验要素：以用户为中心的产品设计》一书中，作者Jesse James Garrett将用户体验的设计流程分为五个层面，即用户体验五要素：战略层、范围层、结构层、框架层、表现层。这五个层面构成了用户体验的基本结构：从战略层一直延伸到表现层，是由抽象到具体的一个过程。在这个过程中，每一层的内容都能直接或间接影响到后续要进行的内容。

战略层的作用是帮助团队确认产品发展的大方向，对于现在的创业公司而言，想要拿到资本市场的投资已经不太会像早些年那样轻松了，因此对于现在市场上的互联网产品来说，在资本冷静期中，如果你的产品能够影响到更多的人、获取更多的用户、具备更大的商业价值，就代表产品能活得更久。因此大部分的公司都非常注重产品在战略层阶段的规划，不断完善属于自身产品的战略构思。

站在产品战略层的角度，我们重点要去思考两个问题："用户需求是什么？""我们的目标是什么？"。

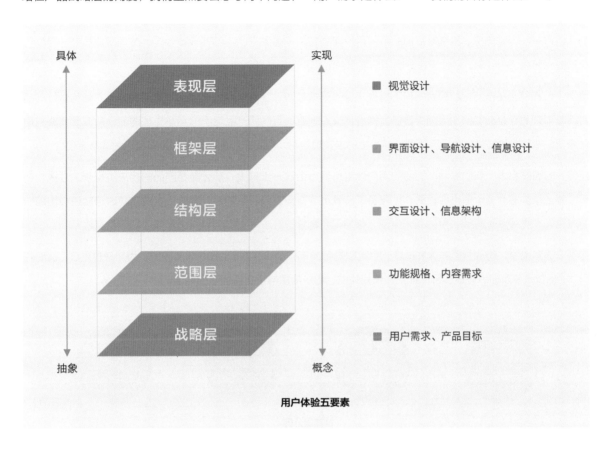

用户体验五要素

2.3.1 战略层

用户需求与企业目标

首先，产品需要满足用户怎样的需求？解决用户的哪些痛点？在思考用户需求的过程中，可以结合上文中提到的马斯洛需求进行分析，推导出我们要满足用户的哪一类需求。在对产品战略层进行规划的时候，应该结合我们在调研中获得的信息，围绕着我们的目标用户建立起用户画像（User Persona），使团队成员对于目标用户形成相对统一的认识，以便于在分析用户需求时的思路可以更加清晰。

其次，目标行业在市场内的现状如何？是处于蓝海还是红海？是否已经出现了比较优秀的竞品？如何做好产品差异化？产品在企业的商业版图中具备怎样的意义？现在的互联网产品之间的竞争更加激烈，从商业策略的角度来看，非常多热门的互联网产品到目前为止仍未实现盈利，但是它们的存在都具备着自己的战略定位。

还有，随着产品进一步的发展，产品的用户体量可能也会进一步扩大，那么随着产品的用户类型越来越多，在产品身上承载的商业价值也会更高，也具备了向着更多方向发展的可能性，同时，行业内随时可能还会出现一些对我们产生威胁的竞品，针对这一情况，该如何结合分析方法（例如SWOT分析法）应对变化呢？

在当下的环境中，对战略层的思考维度，也可以进行如下归类：在A行业的B环节发力，为用户提供C，从而获得D。也就是要我们思考清楚目标行业、细分领域、用户需求与企业目标这四件事。

战略层分析

2.3.2 范围层

在确定了战略层的内容后，就要往下扩展，将战略层目标继续细化，明确"产品应该为用户提供哪些功能"以及对这些功能进行详细描述。

在范围层规划的阶段中，很多人的思维都容易沿着在战略层中得到的想法无限地向外扩散，最终由于发散出过多的功能，使产品在规划阶段变得非常混乱且不可控。因此在范围层阶段，定义产品的最大边缘、明确产品的规划边界、定义需求的优先等级是非常重要的。

在对范围层进行规划时候，可以结合之前的用户画像、用户调研以及市场上的相关竞品进行分析，需要整理出详细的功能列表以及对应功能的描述，在这个阶段可以结合相关的分析方法（四象限法则、Kano模型）来对功能的类型进行判断。如果在讨论范围层的过程中出现了一些受限于时间成本、人力成本、开发难度而暂时无法去做的想法，要对这一类的想法进行详细记录，等待后续产品逐步稳定后，再对这些想法进行评估，确定是否可以对其中的一些想法做规划并最终实现。

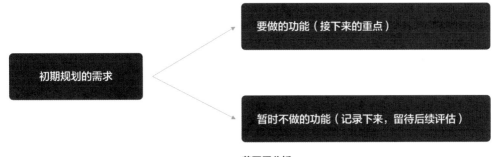

范围层分析

2.3.3　结构层

在经过范围层的讨论后，我们已经将产品从一个最初的战略层概念，变成了多个详细的功能，接下来我们需要对这些功能进行合理搭建。结构层的主要作用就是将范围层敲定的功能合理排布，比如用户如何理解使用产品的步骤，以及在使用功能的过程中，如果用户遇到了异常情况该如何回到正确的流程中。

这感觉就像我们在玩虚拟城市游戏：我们通过点击创建了非常多的建筑，但是那些建筑统统都暂存在你的"建造面板"里，需要你去合理地规划：商业区、生活区、工业区的规划，以及城市道路、交通的规划就是结构层要做的事情。

2.3.4　框架层

在框架层这一步我们需要在结构层产出的基础上进行提炼，确立产品的界面外观、导航设计与信息设计。

交互原型图

在框架层设计过程中，可以运用各类设计组件、元素，并结合产品目标和用户诉求进行模块的搭建，将结构层的产出转化为用户可以初步理解的低保真原型图。从这个角度上讲，我们应该结合用户的心智模型去思考一下用户心中预想的功能应该是什么样子，去选择更贴合用户心理预期的方式构建原型图。可以想象一下，作为设计师，当你在工作中接收到了一个口头描述的需求，例如：我们要为产品做一个用户个人中心的界面。在这个时候，你的心里应该已经浮现出了一些对这个界面的想象，它大概是长什么样子的，用户个人信息展示以及其他的功能应该如何去进行排列等，这些想象大多会来源于你经常使用的产品。

在框架层的设计过程中也需要对导航进行合理的设计，能让用户通过导航在功能之间自如地跳转。现在除一些功能非常繁杂的产品外，许多产品都在尽量减少导航的深度，避免增加用户的使用负担。而对于一些新功能以及着重推荐的功能，则会通过设计导航作区别，从而获得用户更多的关注。

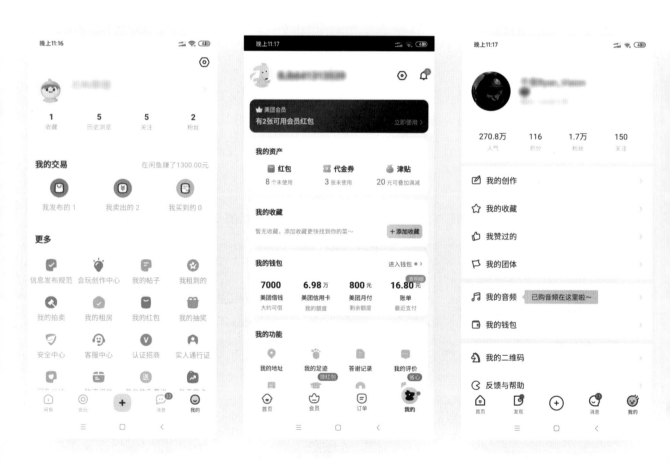

用户中心页面

2.3.5 表现层

表现层的主要内容就是产品的视觉表现，这一层主要是UI设计师的工作。根据产品的调性制订设计风格、颜色方案、界面规范和UI界面的细节设计等。在这里可以引申另一个原理：美即好用效应。1995年，日立设计中心的两位研究员通过对两百多位用户的测试，得出一个结论：界面美观程度对用户的可用性判断影响非常大，在用户的眼里，美观的设计会被认为更加实用。

对于很多人而言，他们也更愿意去使用看上去感到"美感"的产品，一些设计感精美的产品甚至能引起人们的互相推荐，例如早年间的产品WalkUp和纪念碑谷，凭借精美的设计赢得了非常多用户的喜爱。

另外要讲的是，有时我们在对一些产品的表现层进行分析的过程中，可能会发现这个产品的视觉风格跟我们的审美差异非常大，如果出现这种情况，我们需要结合产品的用户人群进行思考。例如一些针对老年人设计的UI界面，我们可能会觉得没有美感，但是老年人群体使用起来会觉得这个产品的界面非常实用。

这种现象在提醒着我们，设计是比较"客观"的东西。当我们觉得一些产品的设计风格实在有些欣赏不来时，我们需要反思一下出现这种情况是不是因为产品的目标用户跟我们的距离较远，因此才产生了这种差异感。

WalkUp　　　　　　　　　　　　　　　　纪念碑谷

2.4
情感化设计

曾经有人在网上提出过一个非常热门的问题："你见过做得最好的创意广告是什么？"在回答区里点赞最高的回答是关于"可口可乐瓶盖"的创意广告："每一天都有很多南亚劳动力来到迪拜工作赚钱以获得更好的生活。他们平均一天只有6美元的收入，可打电话给家里却不得不花每分钟0.91美元的费用。为了节省每一分钱，这些外来务工人员都不舍得打电话回家。在了解到这些务工人员的实际情况后，迪拜的可口可乐联合扬罗必凯广告公司开发了一款可以用可乐瓶盖当通话费的电话亭装置，他们把这些电话亭放到务工人员生活的地区，每一个可口可乐瓶盖都相当于可以免费使用三分钟的国际通话。"

可口可乐电话亭

上面讲到的案例通过产品设计，做到与用户心里的真实情感获得共鸣，这就属于情感化设计的运用方式。情感化设计是一种针对某种特定情感需求进行设计的系统化方式，由唐纳德·诺曼在其著作《设计心理学》中提出，情感化设计分为三类：本能设计、行为设计、反思设计。

情感化设计

2.4.1 本能设计

本能设计是情感处理的基础点，主要围绕用户的视觉、听觉和触觉等方面来进行设计。

1.生活中的购物体验

我们在日常生活中会更加偏爱具有美感的商品，例如我在群里看到有人发了一张好看的耳机保护套照片，非常喜欢，然后我就要了购买链接，看到价格可以接受就下了单，但是事实上我并不需要耳机保护套，但我还是愿意为这件商品付费。

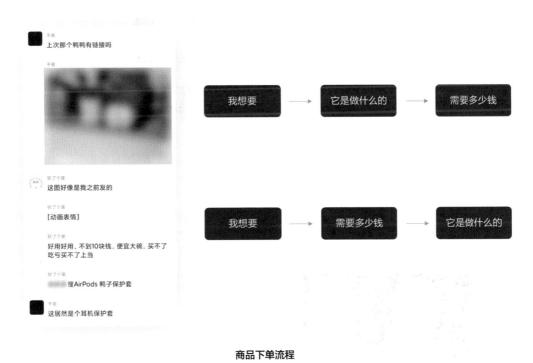

商品下单流程

用户进行网购的过程中，当商品的功能、价位都达到用户心理预期的时候，用户最终会选择更符合他们审美的那一款。例如我在生活中购买加湿器、吹风机和灭蚊灯等生活用品时，首先对品牌和价位进行一定的筛选之后，会选择同时满足好看、价格合适的产品进行下单。

另外需要注意一点，本能层次的设计打动用户的方式也并非单单从美观的角度，有趣的事物也会让他们愿意付费。

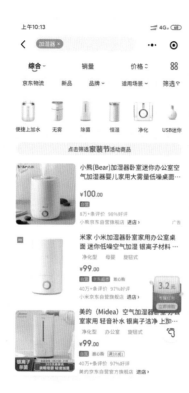

商品选择

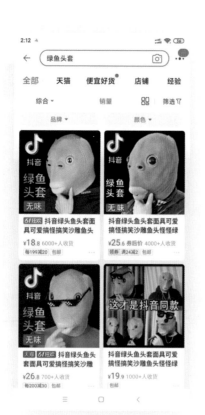

有趣的事物让用户付费

2.错误状态下的设计

个人认为，大多数针对错误状态下的设计都应该归到本能设计的范畴，原因是在产品出现错误的情况下，通过一些对无数据、无网络、功能出错等状态的设计美化并不能真正减轻用户的焦虑心情，只能算从视觉的角度上让这个页面好看一些。

错误状态下的设计

3.听觉和触觉

很多的恐怖电影在封面设计时多会用到冷色调或者血腥的色调，从视觉上衬托出一股阴冷恐怖的氛围。但是很多时候恐怖片里的氛围也不仅仅是依托于视觉的表达，影片也会通过音乐去影响用户的感受。例如很多电影会通过一些尖锐、沉闷的音乐去向用户传递一种紧张的感受。例如电影《唐人街探案》中，在影片结尾时秦风回头看到思诺笑容时播放的重音符，将一种恐怖诡异的感觉在观众的心里进行了放大。

对于这一类的设计，也可以进行反向的思考：有一些在B站上专门进行悬疑恐怖电影解说的UP主们，为了减轻影片的恐怖感、照顾到更多的观看者，除了为血腥场景打码遮盖，他们也会在恐怖剧情发生时，将尖锐沉闷的配乐更换成欢快搞笑的音乐，让用户的紧张情绪得到缓解。

同理，声音音效在游戏体验中也起到了非常大的作用。例如在刺激战场训练岛的赛道中，游戏为玩家设置了加速带。当玩家的载具踏上加速带的时候会获得加速效果，这种加速效果是通过视觉——破风的感觉，与听觉——引擎加速音效体现的。

和平精英的训练岛赛道

而当玩家在一些赛车游戏中连续踩过加速带时，引擎加速的声音会消失，虽然此时赛车依旧处于加速效果中，但是玩家对于赛车处于加速的感受会大大减弱。

而对于很多人而言，他们听不了一些比较特殊的声音。例如在他们听到塑料泡沫摩擦的声音时，浑身会感觉不舒服，甚至在看到塑料泡沫的时候脑海里也会联想到类似的声音，引起心理和生理的不适。同样地，很多人对于现实中一些物品的触感也非常敏感，比较典型的例子就是对于有些书籍的封面材质会有要求，以此来避免读者抚摸到一些材质的封面时产生的极度不舒服的感觉。

2.4.2 行为设计

行为设计主要围绕着产品的可用性进行设计，即帮助用户顺利完成他的目的，并在用户的使用过程中提供足够高水平的用户体验。

1.服务状态的可见性

用户在App上从提交订单到享受服务的过程中是非常厌烦"在未知的情况下"进行等待的。因此很多的产品在用户提交订单到服务完毕的过程中，都会有查询当前进度的功能，例如用户在使用滴滴打车的过程中，用户可以实时看到当前车辆的位置以及车辆的行进路线。在美团外卖点单的过程中，用户可以看到外卖的当前进度，并实时看到与自己的距离。这些功能都满足了用户在产品使用过程中对事情进度的"掌控感"。

拼多多、京东订单状态跟踪

2.帮助用户规避错误

用户在使用互联网产品时经常会出现错误。因此在产品设计时就需要在用户进行关键操作时提供一些提示，以此帮助用户规避错误。

例如微信转账的功能中，用户在输入大额数值时，产品为会用户输入的数值提供单位（千、万、十万、百万等）。当用户前后发起两笔同样额度的转账时，微信会提醒："有一笔相同数值的转账对方未确认，是否要继续？"

在帮助用户认知转账金额和防止重复转账的同时，微信还会为用户规避一定的风险：当用户在向一些有风险的账号进行交易的时候，微信会弹出警告提示，并引导用户去查看防骗科普的相关内容等。

微信转账提示

微信的转账提示

3.产品的引导流程

当用户打开应用商店,对其中的App下载安装后,多数的App会在用户初次打开时为用户提供新手教学,对于很多像我们这样天天使用各式各样互联网产品中的人来说,这些引导流程好像有一点多余,但是在整个互联网用户的群体中,还是有相当多的用户对于产品的使用并不熟练。因此,通过引导流程让用户更快地了解、使用产品是减轻用户学习成本的方法。

在这里我需要提到一点:在对引导流程进行设计的过程中,设计师一定要考虑到整个流程占用的时长,不要因此影响到对功能已经非常熟悉的用户。例如一般产品的引导流程可能只会消耗用户几秒钟的时间,但是游戏类的产品很容易出现教程烦琐的问题:新手操作教学漫长,且不可跳过。例如有的游戏产品将新手的基本操作分成了三个游戏场景,玩家需要在这三个游戏场景中分别完成系统规定的任务才能结束新手教程。这个过程用时可能会达到10分钟以上,并且无法跳过,这非常容易引起用户的焦躁情绪。有的游戏产品则会在新手教程的开头让用户选择,在用户选择"新玩家"选项之后才会开始新手教程。

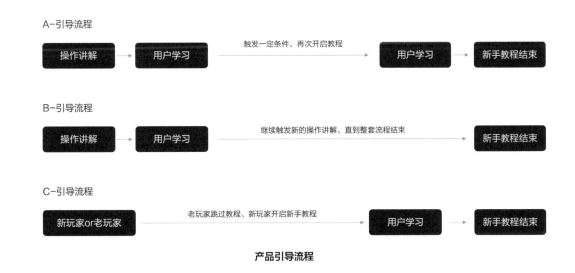

产品引导流程

2.4.3 反思设计

反思设计通过设计与用户产生情感上的联系并通过情感的传递,加深用户对产品的印象。

1.App年度报告

很多产品会通过年度报告来对用户当年的使用进行记录,让用户感受到这一年中产品与自己发生的故事,拉近用户与产品之间的心理距离,例如网易云音乐在用户年度报告里显示"用户第一天使用云音乐是在什么时候"以及"用户在网易云音乐听到的第一首歌",以此来带动用户的回忆。同时,年度报告也利用了用户的社交属性,设计出一些能够让用户有成就感和乐于分享给朋友的数据,例如支付宝年度账单总消费额、网易云音乐的年度听歌热单等,引发用户的自传播,从而获得更好的传播效果。

网易云音乐年度报告

2.用户生日祝福

很多产品会在用户生日当天送祝福和惊喜，例如电商类的产品会送购物优惠券，如果生日当天去门店用餐，会收到服务人员送的小礼物等。对于用户生日祝福的设计，最显眼的方式就是通过产品的启动闪屏页设计祝福语，还有就是通过短信推送的方式让用户看到生日祝福与生日福利活动，从而打开软件领取生日礼物，QQ邮箱会在用户生日当天给用户发送一张生日贺卡或一首生日祝福歌。

支付宝、B 站闪屏页生日祝福

QQ 邮箱的生日祝福

3.节日设计

很多产品也会针对节日的氛围进行视觉化探索设计，最典型的案例就是百度搜索，在一些特殊的节日和纪念日，都会通过设计将主页的LOGO替换成符合节日氛围和主题的精致插画。而很多的移动端产品也会配合节日，更换LOGO的设计风格，以及设计一系列的节日开屏页等。

App 节日设计

节日开屏页设计

4.百度搜索的提示与彩蛋

用户在使用百度搜索的时候可能会触发彩蛋和提示。例如用户搜索黑洞时，会出现一个黑洞将搜索结果全部吞噬；在搜索宠物类相关的字段时，会提示"TA们是我们的伙伴，一旦选择，终身负责"；在搜索野生动物的字段时，会提示"拒绝野味，守护家人健康安全"。

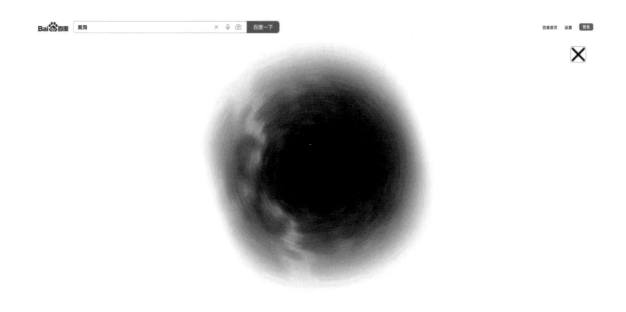

百度搜索

2.4.4 情感化设计思考

上文讲了很多的情感化设计案例，但是个人认为情感化设计也不是能够随便运用的"万能公式"。当我们考虑要在产品中加入情感化设计时，需要先反复审视、确认自己的想法是否合理，因为情感化体验如果运用不好，不但无法获得用户的好感，反而会起到相反的效果。

比较典型的例子就是表情符号的运用，在操作成功、失败的场景提醒时，产品经常会结合表情符号的运用，需要注意的是，在我们在想要通过表情符号去传达情绪时，还需要多确认一下不同用户的看法。不同年龄段的人对于同一个表情符号可能会有不同的解读。比较典型的就是"微笑"表情，有的人认为这个表情代表着善意、有的人认为代表嘲讽、有的人认为代表生气。同样地，表情运用的时候也需要注意用户所处的状态节点。例如在英雄杀里，对方出了一个昏招，把自己的队友给"坑死"了，这个时候我和队友发送了一个"点赞"表情，在这种状态下，点赞已经不是"点赞"了，它变成了一种嘲讽式情绪的表达。

微笑表情

另外，情感化设计的过程中需要考虑到所有用户的感受。因为不同民族、不同国家的人文习俗也不同，可能在设计者看来是一个比较有趣的彩蛋，但是在一些用户眼里就是比较严重的"事故"。例如666，在中国表示对别人的夸奖，而在一些西方国家则代表撒旦。这也提醒着我们在围绕产品功能设计"彩蛋"的时候，需要结合产品的用户人群进行更加慎重的考虑，避免因为一时不慎伤害到用户的感情。

CHAPTER ———

03

设计目标，如何了解你的用户

随着社会经济的发展以及新技术的出现，人们的核心诉求也在发生着变化。而在商业竞争的过程中，时间是非常宝贵的。对于任何产品而言，重要的是及时了解用户的需求和想法。只有当我们第一时间了解到用户的想法，才能够更快地对产品做出优化和调整，获得更多用户的青睐。

我们在平常工作中常用到的用户调研方法主要分为两类：定性研究与定量研究。通过定性研究，我们分析"是什么"，通过定量研究，我们分析"为什么"。

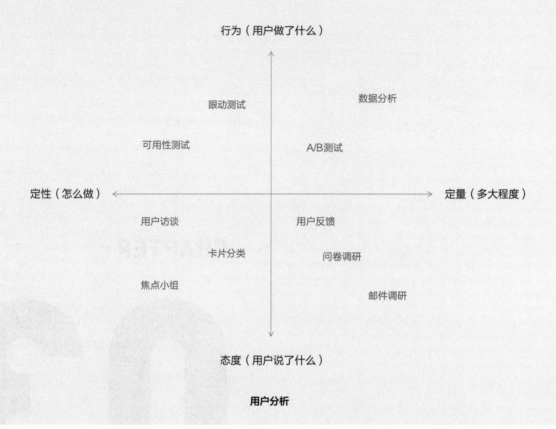

用户分析

3.1
用户画像UI设计

不管是做什么类型的产品，我们都需要明确一个问题：我们在为"什么样的用户"设计？当明确产品目标用户的形象时，我们设计产品的时候就能更加有目的性。当我们对目标用户的认知处于模糊不清的状态时，可以采用绘制用户画像的方式对目标用户进行总结。

在日常工作中我们接触到的用户画像大致分为两种：User Persona和User Profile。

User Persona
多用于产品团队设计功能时作为参考使用

User Profile
多用于产品的数据分析和精细化运营

用户画像的类型

3.1.1 User Persona

在最开始写这一章的时候，我甚至想过把标题更换成"用户 · 出场率近乎百分百 · 永远的神 · 画像"。因为我们在日常浏览设计论坛的时候，会看到UI设计版块里有大量的设计作品中都加入了对产品目标用户形象的分析部分，出现这种情况到底是好是坏我们暂且先不评价。在这里首先要明确的是，在这些设计作品里，设计师对用户画像的绘制方法属于User Persona。

User Persona常被运用于产品规划和设计阶段，我们将那些通过定性、定量研究得到的用户信息进行整理和归纳，建立起比较典型的用户画像（User Persona），User Persona的作用是在团队进行产品规划设计的过程中，能够时刻提醒我们在为什么样的用户进行设计。如果缺乏用户画像的指引，团队成员在进行产品规划的过程中会容易沉浸在自己的主观视角中，出现混乱局面。

如何绘制User Persona?

1.结合产品实际情况

结合产品的实际情况选择方法，处于不同发展阶段的产品，绘制User Persona的方式也会存在着区别。

产品起步阶段

在产品处于刚刚起步的阶段、规模和用户体量都比较小的情况下，可以采用定性研究的方式去绘制画像。

产品方邀请有代表性的用户进行访谈，然后根据访谈情况来对用户画像进行初步的绘制。这样做的优点就是用户画像绘制的效率比较高，缺点是在绘制画像之后缺乏数据对照环节，无法对产出的画像进行更进一步的验证。

产品提升阶段

在产品处于提升的阶段、规模和用户体量开始增多的情况下，可以选择定性加定量研究的方式绘制画像。

先进行用户访谈，然后采用定量研究的方式去对访谈结果进行统计，对之前用户访谈得到的结果进行验证。这样做的好处就是产出画像后，可以对画像进行数据验证，能够保证产出画像的准确性。

产品成熟阶段

在产品处于非常成熟的阶段、规模和用户体量都非常大的情况下，可以选择定量+定性研究的方式去绘制画像。先定量分析出主要用户的群体，再对其中的典型用户进行调研，分析总结得出用户画像。如果不太明白关于这三者的区别，在这里我举个例子。

想象一下，你经营着一家小区的便利店，每天的客流量大约有三四百，你想要提升超市的服务水平，为此调研了几个经常来买东西的熟客，从他们的描述中了解客人的想法，虽然没有进一步地验证，但是在你的生意量并不大的情况下，通过这种方式得到的用户意见已经足以指引你对店铺进行提升和优化了。

经过多年的努力，你的超市已经扩大了规模，在市区开了很多家分店。在这种情况下作为老板的你想要提升超市的服务水平，你还是会找一些典型的客户进行调查，但是在拿到反馈结果后，面对着已经比较庞大的客流量，你心里会犯嘀咕："难道所有人都是这么想的吗？"基于这种考虑，你会想要再去验证一下这个方案的准确性。

十年过后，你的便利店已经变成了全国连锁。在这种情况下，作为老板的你还想要再提升超市的服务水平。而这时，面对着海量的客户时，你无从下手，只能通过数据分析找到一些比较有代表性的客户，了解他们的想法，通过对典型客户的反馈进行总结，再去规划相应的改进方案。

便利店

2.用户画像的内容

我们通过用户访谈、问卷调研等调研方法对用户的信息进行收集之后，就可以将这些信息进行归类和整合，得出用户的初步画像。一个完整的User Persona所包含的内容如下表所示。

一个完整的User Persona所包含的内容

用户基础信息	用户的姓名、职业、年龄、学历等
用户目的描述	用户使用产品的目的，用户想要解决的痛点等
用户行为描述	用户在使用产品过程中的行为、产生的情绪等
用户情感描述	用户的性格、用户的价值观、用户的消费观等
其他补充信息	一些背景故事的描述、图片补充等

一般在做设计练习的时候，我们也会进行用户信息的调研和分析，得出典型用户的画像。在这种情况下，用户画像可能没有办法做得像正式工作中那样完整，只能对用户的基础信息和目标需求进行清晰描述，以确保画像能够作为设计练习的指引。

用户画像

3.Persona要素

当我们产出一个用户画像之后，可以运用Persona要素来对用户画像进行自查。

Persona要素

Primary(基本性)	用户画像是否基于对真实用户的访谈
Empathy(同理性)	用户画像是否包含姓名、照片和产品相关的描述，是否能够引起同理心
Realistic(真实性)	对那些每天与用户打交道的人来说，用户画像是否看起来像真实人物
Singular(独特性)	每个用户画像是否是独特的，彼此之间相似性较小
Objectives(目标性)	该用户画像是否包含与产品相关的高层次目标，是否包含关键词来描述该目标
Number(数量性)	用户画像的数量是否足够少，以便设计团队能记住每个用户画像的姓名，以及其中的一个主要用户角色
Applicable(应用性)	设计团队是否能使用用户画像作为一种实用工具进行设计决策

4.用户画像的误区

虽然User Persona画像是一个虚拟的产品用户的形象，但是在绘制用户画像的过程中一定要结合真实的用户调研数据。在这一点上很多设计师都会犯错。他们只凭借自己对用户主观的想象去绘制User Persona，因此经常会有经不起推敲的用户画像出现。

在一些公司中，可能会存在着团队将用户画像视为"吉祥物"的情况：在绘制用户画像时他们确实非常认真，但是绘制出来的用户画像并没有被用于设计环节，而是拿去为产品的提案"增色"。在现实工作中确实会出现这种通过添加"多余的方法论"来给提案"加分"并且获得成功的情况，但是如果遇到懂行的人，用户画像的存在对提案方来说有可能成为减分项。

此外还需要注意一点：通过调研之后得到的用户画像，只在一定的时间内具备参考价值，因为用户画像会随着产品所在阶段的不同而产生变化。这种情况多出现于一些竞品较少的新兴领域，或者刚创业的小型团队当中。团队自身也不确定新兴的模式是否可以"稳定运转"，又或者受限于创业初期没有办法直接进行大规模的运营，因此他们会选择在较小的范围内进行产品的初步运作。比较典型的案例就是共享单车产品，早期面对的主要用户是在校的大学生，因此产品围绕着学生们的使用习惯来进行功能和规则设计。但是到了后期，产品的主要运营区域从校园内扩展到校园外时，产品用户群体也会发生明显的变化，甚至于新加入的用户比例要比最初的目标用户比例还要高，在这种情况下团队应该对用户画像做出及时更新，补全用户画像的类型才能更有效地进行设计。而如果团队还是沿用早先的用户画像为参照，设计时就很容易出现偏差，导致产品整体用户体验降低。

用户比例

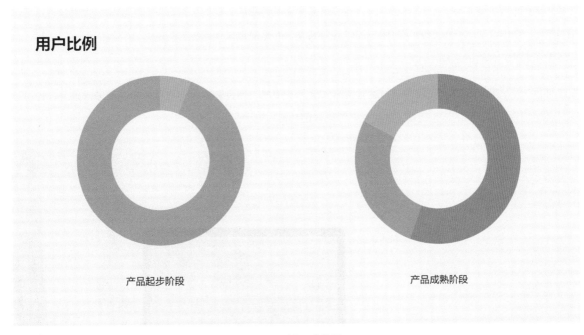

产品起步阶段　　　　　　　　　　　　　　　　产品成熟阶段

不同阶段用户比例

3.1.2 User Profile

User Profile属于偏向于运营分析类的用户画像：通过收集用户在产品中填写、使用的相关数据，再将这些数据通过标签化的方式展示出来。

User Profile的绘制过程主要分为四步：收集信息、寻找共性、标签归类与生成画像。

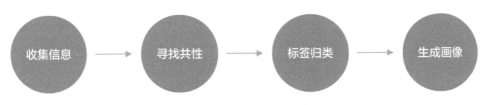

User Profile 的生成过程

之前我在一些设计交流群中讨论过关于用户画像的问题，有设计师提出："User Profile是如何对产品有帮助的？"

个人认为User Profile最有价值的意义在于它对产品进行精细化运营。因为如果产品处于刚起步的阶段，用户量比较少，那么无论是设计产品功能还是推送营销活动都可以处于一种相对聚焦的状态。但是如果当产品用户人数非常多时，随着用户体量增长，产品用户群体之间的差异性会愈加明显，甚至会出现一定的矛盾性。举个比较形象的例子，这就像是枪战竞赛手游，有的玩家喜欢城区刚枪、有的玩家喜欢野区发育，大家的游戏习惯相差甚远，如果不通过一定的方法对用户加以区分归类，而是直接采用随机匹配的方式将他们组队到一起，就很容易引起用户体验的下降。

在这种情况下，我们不能再使用同一种运营策略去服务于用户，而是需要对用户群体的属性进行分组，针对不同分组的用户采取不同的运营策略，才能使产品更全面地具有活力。

网课学习

以知识付费类的软件为例，一款知识付费类的软件中，用户的目的比较一致：来这里学习知识。但是这些用户彼此之间对于课程类型的选择和课程价位的接受度又各不相同。A的需求是学习用户体验或者交互设计的课程，哪怕价格贵一点也没关系；B的需求是学习用户体验的课程，但是价格不能太贵；C的需求是前端开发类的课程……

在这种情况下，为了提升课程的购买率，可以针对用户的标签属性建立起对应的用户分组，再针对分组下的用户属性，向他们推送符合他们真实需求和心理价位的课程。

相应地，产品也要考虑如果在智能推荐信息不准的情况下，应让用户自行修改推荐。例如当你在浏览知乎或者刷B站的时候看到了不喜欢的内容，在选择屏蔽内容时，页面中会出现一行选择区，这其中包括被你屏蔽的相关推送的标签，在对不喜欢的信息标签进行勾选后，产品也会减少推送带有此类标签的信息。

在屏蔽关键词方面，微博也有着类似的功能，用户可以在微博的屏蔽设置功能里自行添加想要屏蔽的关键词，并定义屏蔽词生效的范围，避免刷到自己不喜欢、不感兴趣的信息。

B 站、知乎的标签屏蔽功能

微博的屏蔽词

3.2
问卷调研

问卷调研是很多互联网公司常用的一种调研方式。通过问卷调研能够很快地得到用户的反馈，投放比较方便，成本也非常低。因此，很多设计师在进行个人产品设计练习时喜欢用问卷调研的方式采集有效信息作为设计的参考。从调查方法的角度去进行分类，可以将问卷调研分为自填式问卷和访问式问卷。

自填式问卷

将问卷发放给被调查者，填写完毕后，进行问卷回收

访问式问卷

由调研者询问被调查者，并将被调查者的回答填写到问卷中

问卷调研的类型

就这两类问卷相较而言，访问式问卷的人力成本要高于自填式问卷，同时访问式问卷的应答率也高于自填式问卷。而在面对自填式问卷的时候，被调查者的心理压力要更低一些，如果问卷中出现了比较敏感的问题（例如真实收入等问题），他们也会倾向于按自己的真实想法进行填写。

像我们在生活中遇到的问卷，大部分都是自填式问卷。比如社区物业经常会给业主发一些满意度调查的问卷，收集业主的意见等。但是自填式问卷最大的问题就是回收率难以保证。当你将自填式问卷投放给被调查者之后，被调查者在填写问卷的过程中很容易因为一些原因放弃填写问卷，例如被调查者懒得填写，问卷内容过长导致中途放弃，填写过程中被别的事情打断，问卷问题太过复杂看不懂最终放弃等。

问卷内的问题也可以分为两大类：封闭式问题和开放式问题。

封闭式问题和开放式问题

封闭式问题	事先设计好答案选项，被调查者只需进行勾选
开放式问题	没有设计固定答案，被调查者需要根据自己的想法来回答

在进行问卷调研的过程中，开放式问题有助于去探索被调查者内心深层次的想法，而封闭式问题则更便于将收集到的用户回答用来进行数据分析。被调查者在面对封闭式问题时可以轻松地根据实际情况进行选择，而面对开放式问题时，他们在阅读完问题之后，需要在认真思考和填写回答上耗费相对较多的精力。

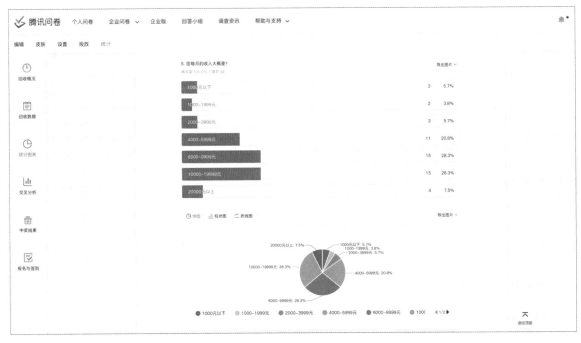

腾讯问卷

3.2.1 问卷设计注意事项

在设计调查问卷的过程中，要格外注意以下几点。

1.问卷内容应控制在合理的范围内

时至今日，用户越来越珍惜自己的时间，尤其是现在很多人现在越来越不愿意在一些"多余"的事情上浪费自己的精力，因此一份调研问卷包含的内容不能过多，避免用户因为填写成本过高而放弃作答。更加真实的一种情况是，当面对填写成本非常高的问卷时，填写人会快速随机填写，你可以想象一下自己在为了拿到"好评返现奖励"时，对商品的评价项进行快速点击时的样子。

因此，在设计问卷的过程中，设计者需要对问卷内的问题数量进行权衡，最好将问卷的完成时间控制在10~15分钟以内，这样可以大大减轻被调查者的压力。

问卷填写

2.尽快让用户了解问卷

在问卷开始的部分需要标注清楚问卷的标题以及引导文案的设计，让被调查者一眼就能看明白问卷的目的。在目的明确的情况下被调查者会更乐于填写问卷。反之，如果标题表意含糊不清，会给被调查者造成疑惑从而产生负面印象，不利于调研问卷的后续完成。

在这一点上，更加人性的方式是加入一段开篇文案，在感谢被调查者的同时点明这次问卷调研的主要目的，并对调研问卷的内容进行简单介绍，或者通过文案来让被调查者感知填写问卷、反馈自己的建议能对自己有一定的益处，例如以下说法。

"为了做好疫情防控工作，希望您及时填写健康状况调查问卷，感谢您的参与！"

"为了给您提供更好的服务，希望您能抽出几分钟的宝贵时间，将您的感受和建议告诉我们，期待您的参与！"

公告   昨天 11:25

站酷2021用户调研
为了更好的提升您的使用体验，
特邀您参与站酷2021用户调研。

站酷的调查问卷介绍

3.避免诱导、偏向性质的文案

在设计问卷的过程中要注意问题不能带有偏向、诱导性质的倾向，尽可能保持文案客观、中立，才能得到相对真实的反馈。例如你提出了一个问题："现在很多产品都推出了某功能供用户使用并获得了用户的喜爱，如果我们推出该功能，你会喜欢吗？"

当你将问卷收上来统计结果时可能会发现，大多数的用户在回答的时候都选择了"喜欢"这个功能。但是他们的真实想法有可能是，"有这个功能总比没有强""到时候如果我不用，又不会怎么样"。

4.文案应该避免出现一对多的现象

在问卷设计的过程中，文案应该避免出现一对多的现象。以问题文案为例，比如"对于UI设计师来说，交互能力和沟通能力是否重要？"。

在这个问题中，交互能力和沟通能力是处于不同维度的事情，如果回答者认为"交互能力"重要，"沟通能力"不重要的话，在面对这个问题的时候，他们就不知道应该选择"是"或者"否"。

同样地，以答案选项的文案为例。

"你工作过的公司有几家？"

A.3家或3家以内

B.3~5家

C.5家及5家以上

在这个问题的回答下，如果回答者就职过3家公司，他会疑惑于自己这种情况到底是应该选A还是选B。

5.文案应该避免出现"模糊词"

在问卷设计的过程中，切忌使用"模糊词"。这里的模糊词指的是在不同人的视角中有着不同标准的词。

"你平常学习交互知识的频率如何？"

A.较少

B.正常频率

C.较为频繁

D.非常频繁

在面对这4个选项的时候，很多人对于选项的理解会有不同。A认为5次以下就算较少，而B认为3次以上算作正常，这就会导致收集到的答案同类型内也会存在冲突。同时，这个提问中还存在着另一个错误：问题的内容是询问用户学习交互知识的频率，而提供的4个选项全是建立在用户有学习的情况下，如果用户没有学习的经历，则会出现没有选项可以选择的尴尬情况。

6.文案应避免使用非常难懂的名词

这一点有些像早些年在设计交流群里流传的一个段子，公司老板跟一位设计师说："你为什么用的是Photoshop？感觉不太专业的样子，我看他们那些非常专业的设计师用的都是PS。"

对于调研问卷而言，比较糟糕的情况就是被调查者明明知道这个事物，但是因为用词的问题导致被调查者误认为自己不知道。因此在设计问题文案的过程中应该避免使用一些晦涩、难懂的专业名词，采用通俗易懂的描述方式，如果需要用到较为专业的名词，则应该对此类名词进行一定的解释，让他们明确问题具体描述的意思。

7.文案描述应该简单清晰

在设计问卷文案的过程中，问题话术应该简单清晰，尽可能站在被调查者的角度思考问题，不要问一些需要让他们反复确认、回忆的问题。在设计问题的文案的时候需要避免多重"套娃"和"复杂化"现象。

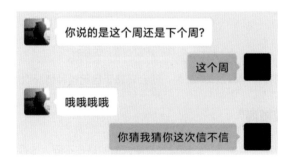

套娃式的问题会增加理解成本

3.2.2 常见的问卷工具

现在市场上也有了相当多的问卷产品可以在调查过程中提供支持，首先我们需要将问题输入到问卷产品中，然后将生成链接推送给用户。比较常用的问卷工具有腾讯问卷和问卷星等产品。

腾讯问卷

问卷星

3.3
用户访谈

用户访谈指的是通过调研人员和受访人直接（面对面交流）或间接（网络视频、电话通话）交谈的方式来了解受访人的研究方法。

用户访谈的优点是能够较为深入地了解用户的想法，缺点就是进行用户访谈会耗费相对较多的精力，并且对访谈人员的沟通能力要求会比较高，不同性格的人进行用户调研，其访谈结果可能也会存在着差异：A、B二人都去访谈同一个用户，但是他们记录下的结果可能会完全不同。

3.3.1 用户访谈类型

依据访谈形式的不同，用户访谈的类型可以分为结构式访谈、开放式访谈、半结构式访谈。

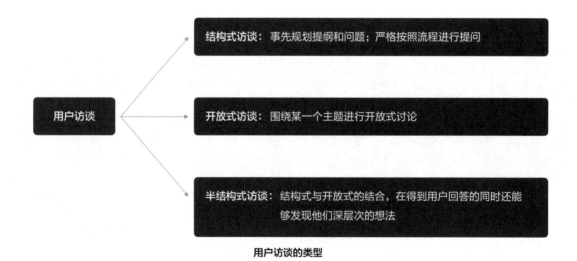

用户访谈的类型

1.结构式访谈

在进行访谈之前，先围绕调研的主题制定出比较详细的访谈流程和问题，在访谈的过程中按照流程和问题收集用户的想法。

当我们对产品的问题和未来的规划已经有了明确的解决方案的时候，可以运用结构式访谈与用户进行确认。结构式访谈的优点是调研者在访谈进行过程中占据主动权，按照规划获得我们想要得到的回答。缺点是受访者在参与过程中可能会感到有一些拘束（不断被提问的感觉），从而产生抗拒的情绪，在结构式访谈的过程中，访问者应该适当运用聊天话术调节气氛，拉近与用户之间的距离。

2.开放式访谈

调研团队和用户就某一个方向进行交流讨论，由用户根据自己的感受对访谈内容进行回应。一般开放式访谈运用于对探索性问题的研究，例如与用户聊聊他们对产品未来新功能的一些想法、如何看待刚上线的产品新功能等。

开放式访谈的优点是能够调动受访用户的积极性，可以获取到足够详细的反馈，缺点是若受访者的思维过于发散，会聊很多与主线偏离太远的内容，在这种情况下我们需要适当地引导受访者回到访谈的主要方向，避免造成对用户时间和精力的浪费。

3.半结构式访谈

半结构式访谈融合了结构式访谈和开放式访谈的特点，在访谈的过程中能够保持灵活交流，在得到受访者对问题反馈的同时，也能够了解到他们更深层次的想法。

4.设计师的日常访谈

在日常工作中很多设计师都会参加用户访谈类的工作，还有一些设计师的调研方式并不仅限于与用户进行对话访谈，而是跟随使用者一起工作，结合用户访谈和工作观察去分析他们在使用产品的过程中遇到过哪些问题、有哪些想法。

3.3.2 用户访谈过程

在我们进行调研的过程中，一般会分为以下几个步骤处理：

用户访谈的过程

1.明确用户访谈目的

当接到调研访谈的任务时，设计师需要第一时间明确这次的调研目的是什么。调研目的决定了你要如何设计自己的访谈问题，例如：提升用户的满意度、收集用户对于产品不满意的地方、了解用户真实的工作环境、对已经设想好的方案进行验证等。

明确目的

2.有目标地选择拜访对象

很多公司都有专门部门与客户进行沟通、收集反馈，他们整理了很多客户使用产品的情况与反馈意见。因此你在选择调研对象的时候，可以先与该部门进行沟通，根据调研行动的目的去选择调研对象。

不过在很多情况下，在调研对象选择的部分，可能会受到一些条件的限制，没有办法主动去选择调研对象。例如你在工作中遇到的有客户频频反映产品新上线的功能出现异常，因此你只能面向这类客户进行拜访，有时候在出去调研的时候你还会受限于地理位置的限制，考虑交通成本后，一般会拜访在公司所在市区周围或者省内的客户等。

3.调研前做适当的准备

对于一些在小团队中工作的设计师而言，出去调研的机会是非常少的，可能一年只有1~2次左右。因此我们更要细心地去准备调研内容，做到有备无患。

尤其像B端产品，在调研的过程中，我们需要根据调研的目的对调研内容的侧重点做出调整。因为在B端产品中具有决定权的是客户（老板）、具体使用产品的是用户（员工）。因此如果你的调研目标是保持客户的满意度，那就应该重点对客户进行访谈，调研他们对于产品的现有功能有哪些不满意、对产品的未来发展有哪些想法。如果你的目的是提升产品的可用性、了解用户的实际工作环境，则应该将调研重点放在用户的身上。

在这里有必要重点强调一下，在我们了解到客户的具体情况后，还要着重了解客户对于当下产品的真实态度。因为在调研访谈的过程中，你很可能会遇见一些偏中性的客户评价，例如"我觉得……""还可以"等。如果你对客户的真实态度不了解，就很难判断客户的真实反应。当你了解了客户对产品的态度之后，才能更准确地判断客户的真实想法。

在产品调研的过程中，比较常见的流程是调研者先与客户沟通再进行用户访谈。在沟通的过程中，调研者可以主动询问客户的建议，获取员工在日常使用产品时遇到的问题，从而对此进行沟通和帮助。

4.主动发现需求

在调研过程中，需要根据用户的自身习惯和情况收集用户需求。

收集客户需求

在调研过程中除需要你思考之外，更多需要注意的是对用户洞察的记录与分析，像有时跟随用户外出工作的时候，则需要把握提问和沟通的时机，不要在对方正在工作的时候进行打断。简单点儿说，就是要有"眼力见儿"。对于用户而言，最重要的是能够更高效地完成他的工作。当用户专注工作时，如果你还在一旁喋喋不休地提问，会让用户感到十分烦躁。

在用户访谈的时候，比较合适的节奏是在用户工作的过程中进行观察，在用户结束一个工作的流程后观察他的心情，再根据情况进行沟通。我们需要了解在用户日常工作中，哪些情况会影响到他的工作进度、哪些情况影响他的心情，以及他觉得产品还有哪些改进方向。

5.获取反馈整理结果

在调研结束后，调研者应该产出一份完整的调研报告。一份精细全面的产品调研报告可以为你的工作增色不少，很多设计师在进行用户访谈调研之后，会将调研的目的、日程安排、调研过程以及调研结果分析记录下来，整理成PPT或者PDF格式的工作报告。

而有的人为了省事，只是采用口头表达、在微信群里发消息等方式来汇报调研工作，这有点儿像是为了一场考试辛苦准备了很久，但是在答题的时候随便写了两笔交上去一样。虽然通过这些方式也能说清发现的问题，但是这样不仅显得虎头蛇尾，而且产出的调研结果没有形成文档，不易存放。

3.3.3 访谈客户分类

在用户访谈的过程中，我们会遇到很多不同风格的用户，主要概括以下几种比较典型的用户。

1.满意类用户

这一类用户对于当前产品的所有功能都表示非常满意，在跟随用户进行使用观察的过程中你会发现，他们几乎没有任何的使用痛点，对产品也比较包容，就算是在操作的过程中遇到一些困扰，他们的情绪也不会变得糟糕。跟随这一类用户拜访的过程中，更适合跟他们聊一下他们对产品功能更多的想法，探索产品未来还有哪些可能性，通过引导的方式让他们将自己的想法分享出来。

2.焦躁类用户

这一类用户对于产品的意见非常多，在使用产品的过程中也很容易出现烦躁的情绪。需要进行补充的是，这里说的焦躁并不是说用户的脾气不好，而是用户对于使用产品工作这件事存在着一定的抵触心理，他们认为这类的产品使得他们的工作受到了"管控"，因此可能会表现出抗拒。对于这一类用户，需要对他们提出的意见进行记录和分析，辨别需求的真伪性。

3.佛系类用户

这一类用户跟满意类用户很像，但是区别在于，满意类用户并不是没有痛点，而是他们遇到痛点的时候不会很明显地表现出情绪来。而佛系类用户则是对产品的态度做到了真正的不在意，对他们而言，产品只是工作的辅助，只要不出现非常重大的使用问题，产品如何设计他们都可以接受。

这就有点儿像往墙上钉钉子，递给他一把锤子或者一块板砖都可以，只要能帮助他达成目的即可。在访谈的过程中如果遇到比较佛系的用户，则很少能获取到有价值的信息。

4.沉默类用户

这一类用户比较沉默寡言，不太会主动反馈信息，在交流的过程中需要适当地采用聊天话术拉近距离。

3.4
可用性测试

很多产品团队在工作的过程中都会运用到可用性测试：由团队邀请一些具有代表性的用户，对需要进行测试的产品功能进行操作。调研人员在一旁进行观察、倾听和记录，并将记录的结果和用户的反馈进行总结，发现当前产品可以优化的点，提升产品的使用体验。

最早有记录的可用性测试出现在1981年，当时施乐公司下属的帕罗奥多研究中心的一个员工在产品Xerox Star工作站的开发过程中加入了可用性测试。但是，Xerox Star工作站在开发过程中虽然运用了可用性测试，但是成套出售的商业策略使得Xerox Star工作站的销量受到了影响，导致Xerox Star工作站最终只卖出了25 000套。

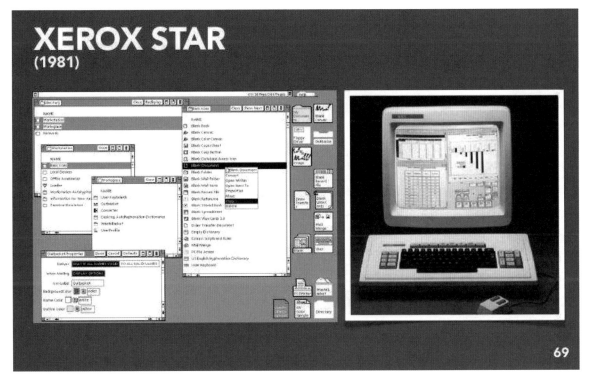

Xerox Star 工作站

而在产品开发的过程中，无论是在设计初期针对一个需求思考后得出的简易原型，还是对于已经开发出来即将上线的产品新功能，我们都可以运用可用性测试进行验证。通过可用性测试我们能够找到提升产品体验设计的方法，更好地去理解用户的想法，发现当前产品中存在的问题，并让团队记录下测试结果，对这些可用性问题及时进行补救和修正。

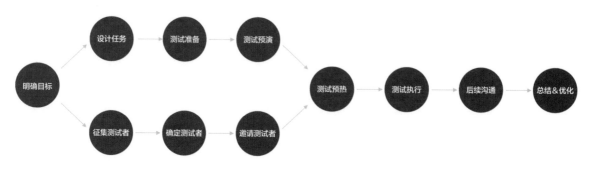

可用性测试过程

3.4.1 确定测试目标和测试任务

首先，我们需要提前规划好需要进行可用性测试的功能，并制定可用性测试目标。例如：在功能开发的初期阶段检验产品是否能够满足用户的心理预期，在产品功能上线前验证用户是否能够理解功能如何使用，在产品功能迭代时进行功能对比，包括产品不同版本之间的对比、与竞品之间的对比。

可用性测试的目的

针对可用性测试的目的，我们需要为用户设计一些测试任务，例如请用户下载产品、注册账号之后完成一次新人首单优惠的购物操作。看看用户是否能很轻松、高效地完成这一任务，以及用户本身对于这个功能的使用过程如何评价、用户是否感到满意、用户认为这个功能是否做得比竞品的功能更好、是否还存在着进一步提升的可能性等。

3.4.2 确定测试时间和邀请用户

在明确测试目标和测试任务后，需要邀请一些用户进行测试。邀请用户的方法有很多，例如在产品的用户群、产品的官网以及微信公众号上发布邀请。可用性测试对参与的人数要求不是很高，一般只需要5名用户就可以发现大部分的可用性问题。

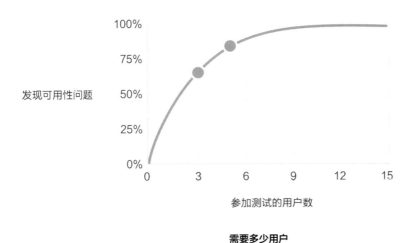

需要多少用户

在邀请用户参加可用性测试的时候需要注意以下问题。

当可用性测试的目标是测试功能易用性时，招募的用户如果产品使用水平特别高，那么这样的测试是没有什么意义的。因为当他们在可用性测试中遇到了一些并不常见的交互操作时，他们不但不会觉得奇怪，还会通过自己的经验快速找到成功完成操作的路径。如果在使用过程中遇到了影响产品可用性的小问题，他们也会在非常短的时间内将问题研究清楚并解决，这会导致很多实际使用中存在的问题被忽略。

如果团队出于时间紧迫、产品的保密性等因素选择邀请同事做测试，也需要跳过那些直接参与产品设计的开发人员，因为他们已经对产品非常熟悉了，在产品使用的过程中几乎不会存在困惑点，因此测试他们也很难发现有价值的可用性问题。

而当可用性测试的目标是验证功能是否优于当前方案的时候，则要招募一些对产品使用度比较高的用户，请他们在使用新功能之后对新旧功能进行对比，输出他们的理解和观点。如果一个用户对产品的使用度本来就不高，那么他对于当前版本的操作流程了解度不高，更无法将测试版本与当前版本进行比较。

3.4.3 测试准备

我们需要为被测试者准备测试场所、测试设备、测试原型、一些零食饮料以及小礼物等。与前面的问卷调研里讲的一样，测试人员要为被测试者准备一些开场语，用来暖场以及向被测试者介绍本次测试的内容。同时，视实际情况决定是否需要与被测试者签署保密协议。

在邀请用户之前，我们还应该对测试内容进行试用，确保测试功能可以正常运行。如果我们不事先进行自查，那么在被测试者参加测试的过程中，发现无法修正的问题时，不仅会直接导致这场测试的结果失败，并且会打击被测试者的参与积极性。

3.4.4　测试过程

我们在邀请被测试者前来参加测试时，应通过沟通话术告知他们本次测试的目的以及要做的事情，在这个过程中，需要我们采用一些话术缓解被测试者的压力，让他们尽可能地保持放松状态，避免用一些非常专业、难懂的名词。同时，通过与被测试者聊天可以拉近双方的距离，让我们大概能了解到被测试者的性格和说话风格，更有利于双方在可用性测试结束后进行后续的沟通交流。

3.4.5　注意事项

在进行可用性测试过程中，需要注意一些事项。

1.明确帮助用户的界限

可用性测试的目的是通过模拟用户在真实场景下使用产品的情况发现问题。因此在可用性测试的过程中，要尽可能避免主动打扰被测试者的操作。不要有出于"引导用户""帮助用户规避错误"的目的去打断他们的操作，让问题不因人为干扰暴露。

对于帮助用户的界限，个人理解应该像"人工客服"一样。我们在使用App应用的过程中，如果遇到了一些我们搞不清的问题，我们会想办法去解决，只有当用户尝试过所有的方法，问题还是不能解决的时候，他们会求助人工客服。当用户在进行主动求助时，我们可以为用户提供帮助，并对这类问题重点标记。

2.尽量观察更多的细节

在被测试者使用过程中，应该重点关注他们操作功能过程中的路径和表情，并在测试任务结束后跟他们沟通当时发生了什么情况：为什么你当时会走入错误的流程？感觉你当时有点儿疑惑，发生了什么事情？

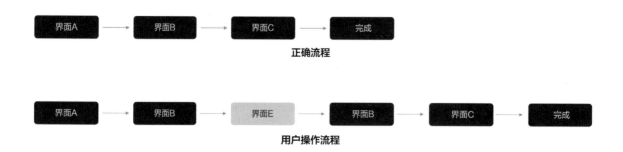

3.寻求"观点"胜过"答案"

你在与被测试者进行沟通的时候，要明白这一点：很少有人能在可用性测试结束后直接给出你想要的"答案"，更多是会得到你的"观点"。你可以想象一下自己在互联网公司面试的时候，面试官问："你觉得我们现在的产品还可以怎么改进？"此时你会有些紧张和迷茫。那么当被测试者被问同样的问题时，他们也可能会存在同样的感受。

因此，在完成测试双方沟通时，我更建议你去询问被测试者的感受，并引导他们说出更深层次的想法。在这个过程中，你可以对被测试者的想法进行归纳和总结，并跟他们进行核对，确认你的理解是符合他们真实想法的，没有存在理解偏差。

4.有声思维法的结合

很多团队在进行可用性测试的过程中会结合有声思维法进行辅助：被测试者在完成测试的过程中，口述自己所看、所想、心理感受，而测试人员则要对用户说出来的内容进行记录，留待后续进行分析。但个人认为这种一边操作一边进行描述的行为，很可能带给被测试用户困扰，也有可能增加被测试用户的心理压力，因为这种测试方式与他们日常使用产品的习惯存在着一定的差异。因此如果团队确认要采用这种方式来进行可用性测试，则应该先由负责测试的人员对被测试者进行一次操作示范，让被测试者明确该如何操作，减轻他们的心理负担。

5.合理运用可用性量表

系统可用性量表由John Brooke提出，用于收集产品可用性的用户评价。系统可用性量表中包含十句陈述，用户需要根据他们对于产品的印象，打出相应的分数，并且最终通过公式计算得出最终的结果。系统可用性量表的内容包括以下几点。

①我认为我会愿意经常使用本应用。

②我认为这个应用没必要这么复杂。

③我认为这个应用容易使用。

④我认为我会需要相关人员的支持才能使用该应用。

⑤我发现这个应用中不同功能被很好地整合在一起。

⑥我认为这个应用中存在不一致问题。

⑦我认为大部分人能很快学会用它。

⑧我认为该应用使用起来非常麻烦。

⑨在使用产品的过程中我感觉很自信。

⑩为了更好地使用它，我需要学习很多东西。

		强烈反对				非常同意
		1	2	3	4	5
我认为我会愿意经常使用本应用						
我认为这个应用没必要这么复杂						
我认为这个应用容易使用						
我认为我会需要相关人员的支持才能使用该应用						
我发现这个应用中不同功能被很好的整合在一起						
我认为这个应用中存在不一致问题						
我认为大部分人能很快学会用它						
我认为该应用使用起来非常麻烦						
在使用产品的过程中我感觉很自信						
为了更好地使用它，我需要学习很多东西						

系统可用性量表

当被测试用户完成分数填写后，我们将系统可用性量表中的正面陈述分别按照"分数减1"的方式处理、将负面描述按照"5减分数"的方式进行处理，再将总分乘以2.5得到最终分数。

可用性量表计算公式：[Σ（积极描述得分−1）+ Σ（5−消极描述得分）] × 2.5

我们将参加调研的用户的分数相加，算出平均分数，这就是最终SUS分数，SUS分数的衡量标准如下。

SUS 分数的衡量标准

总分＜50分	不合格，用户难以接受
50分＜总分＜70分	勉强及格
70分＜总分	用户可以接受

一般来讲，如果产品的SUS得分超过70分，就代表产品的可用性比市场上很多竞品都要好，用户体验处于合格的水平。

3.4.6 产出最终结果

测试结束后，我们需要与被测试者进一步沟通，并整理沟通的结果。最后向被测试用户表示感谢并赠送给其礼物。之后我们就可以开始对收集到的内容进行归类和总结。

在ISO9241国际标准中，对于产品可用性的定义为：一个产品可以被特定的用户在特定的境况中，有效、高效并且满意度达成特定目标的程度。我们在衡量产品可用性的过程中也可以从功能的有效性、效率以及用户满意度来进行分析。

有效性：用户是否能够成功完成他们的目标。

效率性：用户完成任务的时长、用户完成任务过程中的出错率。

满意度：用户对于功能的满意程度，涵盖了用户在使用产品过程中的感受以及用户对于产品使用结果的评价。

通过对上述3个维度的分析整理得出问题清单后，需要我们再对问题进行合理的归类，按照是否为核心功能与出现频率维度将问题分为关键、严重、一般和次要。

问题归类

	出现频率高	出现频率低
核心功能	关键问题（优先级高）	严重问题（优先级中）
非核心功能	一般问题（优先级中）	次要问题（优先级低）

关键问题：核心功能中出现的问题，并且问题出现的频率比较高。

严重问题：核心功能中出现的问题，但是问题出现的频率比较低。

一般问题：非核心功能中出现的问题，并且问题出现的频率比较高。

次要问题：非核心功能中出现的问题，但是问题出现的频率比较低。

3.5

A/B测试UI设计

在工作中，我们可能会出现面对多种设计方案不知道该如何选择的情况。在这种情况下，可以运用A/B测试来提高方案选择的"成功率"。A/B测试，简单来说就是将多个针对同一个功能的设计方案，在同一时间内给组成成分相同或相似的用户人群随机使用的方式，并收集这些用户的使用数据进行分析，将分析结果进行合理评估，评定出更有价值的方案加以采用。

在产品设计的过程中合理运用A/B测试可以让我们脱离主观的视角，从用户真实使用的角度合理地对方案进行选择。例如：曾经有一家公司在上线付费会员功能时设计了两个方案，一个方案是仅仅显示开通会员的标题以及按钮，另一个方案是在显示开通会员标题和按钮的同时，在下面单独设计了一个模块，列举出了会员拥有的一系列特权。

在面对这两个方案时，他们选择让小部分的用户使用A/B测试，来验证这两个方案的转化率。经过一段时间的观察后，他们发现使用标题加开通会员按钮方案的用户付费转化率较高，于是他们果断放弃了他们之前认可的"加入会员特权介绍"方案。进行A/B测试的过程中需要注意以下几点。

3.5.1 建立清晰的、可被衡量的目标

在A/B测试的过程中，产品团队需要建立清晰的、可以被衡量的测试目标，例如浏览量（PV）、访客数（UV）、平均访问时长、转化率等，只有当目标合理且明确的时候，团队才能合理地对测试结果进行评估。根据产品类型、测试功能的不同，我们在A/B测试时设置的评估指标也不同。

3.5.2 尽可能地保持变量唯一

在进行A/B测试的时候，要尽可能地确保变量唯一，才能得到更准确的对比结果，避免因为多余的变量影响到最后的结果，导致误判。这有点儿像做烤肉拌饭的商家为了测试自己哪款烤肉拌饭更好吃，推出了不同口味的套餐。但是每一个套餐之间的区别不仅仅是口味的差别：有的口味搭配的是热果汁、有的口味搭配的是冰可乐。这样做的结果就是，顾客有可能由于饮品的因素下单套餐，从而干扰到了正确的统计结果。

3.5.3　设置合理的时间截止点

对于正在进行的A/B测试，我们需要合理规划A/B测试最终终止的时间节点。对于改动幅度比较大的功能，用户的使用数据出现下降的原因会有多个——"他们真的不喜欢"或"他们一时不适应"。因此，对于功能的A/B测试，时间截止点应该适当放宽，观察用户的使用数据是否还会发生回刊。这就像在一个产品刚改版的时候我们觉得"不行""不接受"再到慢慢感觉"真香"的过程。

3.5.4　远离A/B测试的误区

对A/B测试的结果进行数据分析，之后得到的结果有时可能会与真实情况不符。比较典型的例子就是辛普森悖论。

简单概括一下辛普森悖论，在某个条件下的两组数据，分别讨论时都会满足某种性质，可是一旦合并考虑，却可能导致相反的结论。在20世纪初就有人对这一现象进行讨论，直到1951年E.H.辛普森在论文中提到这一理论，该理论才真正出现在大众面前，后来该理论以辛普森的名字命名。举一个案例来理解一下辛普森悖论。

学校要对A和B两个美术老师考核教学效果，考核的方式是看看学生的及格率，然后为两位老师各分配了100名学生。在分配学生的过程中，考虑到A老师在往年的表现较好，因此分配情况如下。

A老师负责教20个有绘画基础的学生，80个零基础学生。

B老师负责教80个有绘画基础的学生，20个零基础学生。

而最终的结果如下。

A老师班最后及格的是20个有绘画基础的学生、30个零基础学生。

B老师班最后及格的是60个绘画基础的学生、2个零基础学生。

从学生分类的及格率看，A老师班不管是有基础的学生，还是零基础的学生，及格比例都比B老师班强。但是在对所有的学生进行统计后，B老师班总体及格率要比A老师班高，然而A的教学水平强于B。

辛普森悖论提醒着我们在进行数据分析的时候，要斟酌个别分组的权重，以一定的系数去消除以分组资料基数差异所造成的影响，同时必须了解该情境是否存在其他潜在要因而综合考虑。

交互设计：让你的产品更加耐用

4.1
信息架构设计UI设计

信息架构(Information Architecture)，简称 IA，指的是对特定内容的信息进行统筹、规划、设计和安排等处理的方法。信息架构概念最早被运用于数据库设计的领域，设计者对信息进行结构设计、制定信息的组织方式及归类，一个优秀的信息架构设计能够帮助用户更好地理解和使用产品。

在日常工作中，很多设计师会对自己计算机中的设计文件、设计资源进行归类和整理，而一些设计师因为经常会关注热门类的App，他们也会对手机里的App进行归类处理，这些都可以看作是对信息架构的一种梳理。

通过整理让手机里的应用变得有序

在日常生活中也会有类似的例子，当你进入一家陌生的商场时，可以通过商场里的楼层引导并结合自身实际需求决定要去的楼层，到达对应楼层后，再参考楼层店铺分布图前往你感兴趣的地方。

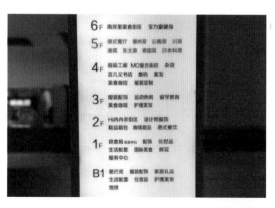 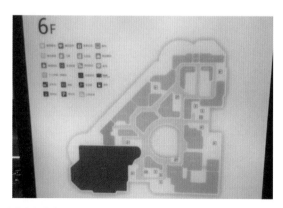

商场的楼层引导（图片来自网络）

4.2
信息架构的类型

信息架构的类型可分为：层级结构、线性结构、矩形结构和自然结构。

4.2.1 层级结构

层级结构是产品中最常见的一种结构，结构主要呈现为树状的形式。层级结构主要由父子关系构成（父级下面关联子级，子级下面再关联子级的子级）。

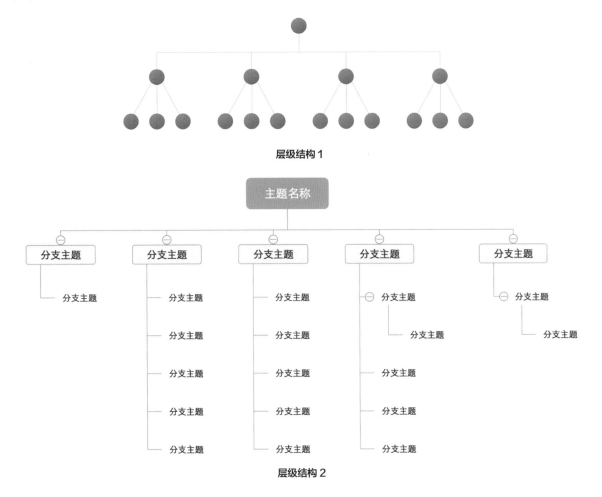

层级结构 1

层级结构 2

4.2.2 线性结构

线性结构如下图所示，属于最简单的一种结构。用户按照直线式的操作流程、通过"前进"或者"后退"来体验产品。

线性结构

线性结构常用于一些小功能模块的交互。例如QQ密码找回的信息提交流程，用户需要按照步骤执行填写需要进行重置密码的账号、身份验证、新密码设置和确认提交操作。

QQ 密码找回

4.2.3 矩形结构

矩形结构将信息从多个维度进行了分类，以便于帮助不同的目标用户，让他们找到所想要看到的内容。例如，外卖类App中用户的点餐习惯会有区别：有的用户想找到售卖数量高、正在热卖的食品，有的用户想找到价格符合他们心理预期的食品，有的用户想按照种类选择食品。这种情况下就可以通过矩阵结构将信息进行串联，便于用户很好地筛选寻找。

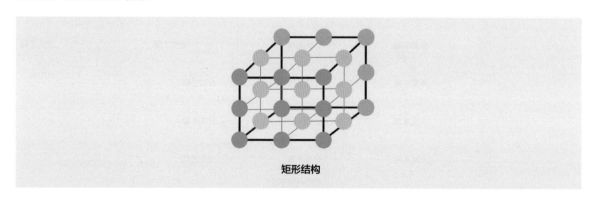

矩形结构

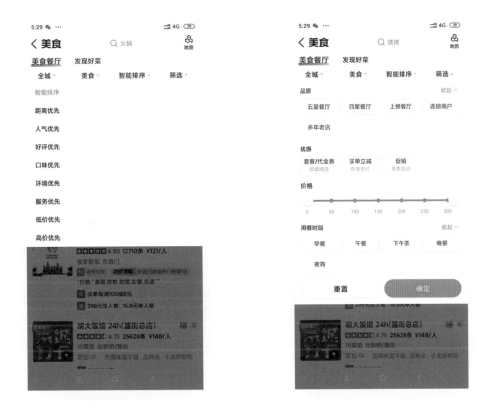

大众点评

4.2.4 自然结构

在自然结构中，用户的自由度非常高，他们可以通过一个节点到达任意的其他节点，并且不受框架的限制。自然结构常被运用于探索关系不明确或者一直在演变的内容。在自然结构下，用户可以自由地浏览信息。例如我们经常使用的B站、微博、抖音等产品。

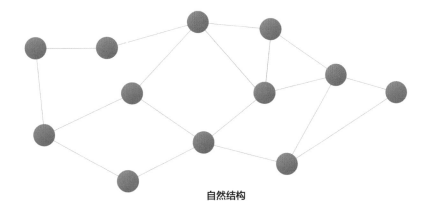

自然结构

微博、B 站

4.3

分析竞品结构

如今在互联网发展兴盛的环境下，几乎每一个我们在生活中存在的需求都已经有了对应的产品来提供服务。我们在考虑产品的信息架构时，也可以多看一下竞品的做法，这样能帮你学到一些行业内同类型产品中比较通用的做法，少走一些弯路。而且大部分用户对于某一类产品已经产生了一定的使用习惯，用户在下载一款产品的同时，脑海里已经对如何使用这款产品有了大致的想法。因此合理地参考竞品，可以在很大程度上降低用户的学习成本，提高产品易用性。

竞品的来源方式有很多，可以去应用商店的对应分类下选择，也可以去一些设计论坛查看同类型产品，看看它们的设计分析里都运用了哪些竞品等。

在选择竞品之后，我们就可以使用一些脑图产品梳理出它们的信息架构，例如使用百度脑图、MindManager、XMind等产品去进行处理。

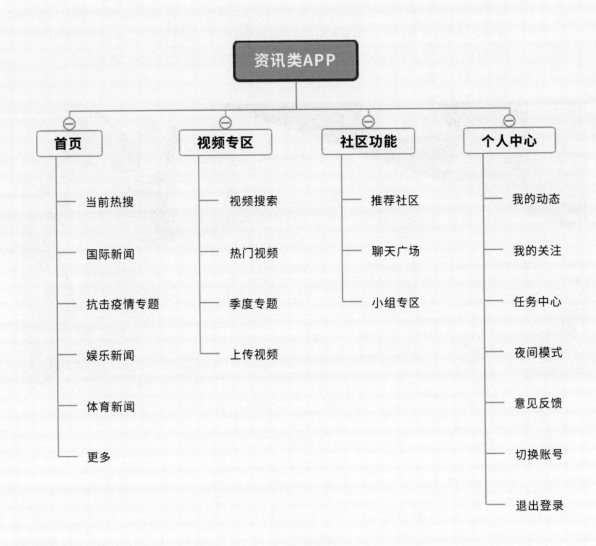

分析信息架构

4.4
卡片分类法

卡片分类法常被用来对比设计师与用户之间对于产品信息分类的认知差异。卡片分类法可以使我们了解到用户
对于信息分类的想法，及时对产品的信息架构进行调整，做出更符合用户心理预期的产品。

卡片分类法来自20世纪50年代中期乔治·凯利提出的个人构想理论，强调人以自身主观世界的主动的认知性的
构造。该理论认为，人不是环境的牺牲品。尽管环境世界本身是不可改变的，但是人们可以自由地选择如何去
解释它。人们总是通过不同的方法重新认知自己的过去，定义自己当前的问题，预测未来的情况。

卡片分类

在卡片分类的过程中我们需要准备一些卡片，将需要进行分类的功能名称写在卡片上，然后邀请用户对卡片进
行分类。在用户进行分类操作之前，我们需要向用户逐一介绍每一张卡片上的功能是什么。在确保他们已经理
解了这些功能的意思之后，请他们根据自己的理解对这些卡片进行归类。在用户进行分类之前，可以提醒用
户，如果在卡片分类的过程中遇到了一些实在不知道该如何分类的卡片，可以将这部分卡片单独归于一组，等

待用户分类完毕后，再对这部分卡片进行讨论。

卡片分类的方法有两种：开放式卡片分类法和封闭式卡片分类法。

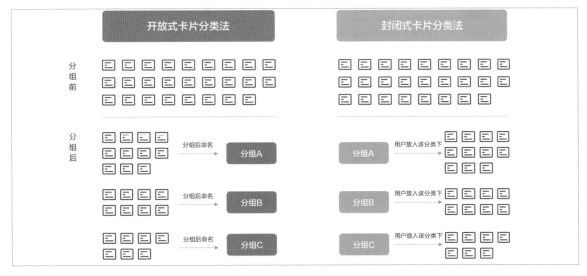

卡片分类法

4.4.1 开放式卡片分类法

开放式卡片分类法指的是不提供固定分组名称，由用户按照个人的观点将卡片进行分类，并对分类的组命名。开放式卡片分类法适用于产品框架探索阶段，通过分类得出的结果可以用来作为搭建产品信息架构的参考。在使用开放式卡片分类法的时候，我们需要提前想好卡片分类组的数量应该在多少个比较合理。在用户分类完成之后，如果用户在卡片分类后生成了太多的分类组，需要提醒用户对分类组再进行整合。如果用户对于卡片分类后生成的分类组过少，则需要提醒用户对分类组再进行拆分。

4.4.2 封闭式卡片分类法

封闭式卡片分类法指的是为用户提供固定的分组名称，由用户按照对分类组的认知选择将卡片放入哪一个分类组中。封闭式卡片分类法可以将用户分类的结果与我们规划的方案进行对比，用来验证我们目前设计好的信息框架是否满足用户的心理预期，并且与用户的想法存在着哪些偏差。

在用户进行卡片分类的过程中，我们要做到安静观察，不要随意打断用户，并且记录用户在进行归类的过程中对于哪些卡片出现了犹豫不决、改变想法的行为。在用户完成归类之后，跟用户进行沟通，了解他们对卡片进行分组的依据，在分组过程中遇到的困扰等。最后将用户分类的结果进行汇总统计，产出结果，并进行保存。

4.5

导航交互设计

4.5.1 标签式导航

标签式导航是目前互联网产品中被应用最多的一种导航方式。在iOS规范中多为底部标签，而在早期安卓系统的设计规范中，由于考虑到底部有虚拟按键，为了防止用户在切换的过程中出现误操作，因此常将标签导航栏放置于顶部（Material Design在2018年更新后加入了Botton ActionBar）。如果标签式导航放置于页面底部，一般只会有3~4个标签，最多不超过5个。

标签式导航的优点是功能的布局清晰直观，用户可以很方便地通过点击各个标签在功能之间进行跳转。

米家 App

4.5.2　抽屉式导航

抽屉式导航可以隐藏产品中不重要的功能，让用户将注意力聚焦于核心功能，并且为界面节省空间。但是被抽屉式导航收纳的功能在曝光率上会相对较低，因此在产品设计的过程中，不能将核心功能放入抽屉式导航中。

抽屉式导航常用于核心功能比较统一的产品上，例如青桔单车等。

青桔单车 App

4.5.3　舵式导航

在底部的标签式导航的功能重要度不同的情况下，我们可以考虑使用舵式导航。在舵式导航中，可以将核心功能置于操作栏的正中间，让核心功能在视觉上更加突出，获得更高的曝光度。

4.5.4　宫格式导航

在宫格式导航中，所有的功能都平铺在界面上，比较清晰直观。但是宫格式导航无法让用户第一时间看到功能模块中包含的内容，因此，宫格式导航很少被用于主导航，常用作二级导航。

快手 "发布视频" 功能

微信 "支付" 功能

4.5.5 列表式导航

列表式导航与宫格式导航类似，多用作二级导航。当我们在产品设计的过程中需要使用列表式导航时，需要对功能进行合理的排序归类，例如微信的 "发现" 功能。

微信"发现"功能

4.5.6　点聚式导航

点聚式导航常常用于一些需要功能被收纳的场景，用户可以通过点击点聚式导航中的按钮，唤出隐藏其中的功能。点聚式导航的优点是能够节省界面空间；缺点是对于对产品了解度不高的用户而言，他们在使用过程中会存在一定的记忆成本。

知乎

4.6

交互手势

在PC时代，我们使用计算机的方式是通过鼠标和键盘进行操作和输入。之后智能手机开始逐渐普及，但是早期的手机受限于硬件技术，用户在使用时只能通过按键操作，早先还会有厂商将手机设计成"全键盘"的样式向用户出售，并且受到了一些用户的喜爱。

后来市场上出现了具备屏幕触控功能的手机，但是由于技术和硬件上的限制，用户只能通过单点触控或者使用触控笔操作手机。如果有多点同时触控的情况，就不能做出正确的反应了。直到2007年1月9日，iPhone 2G的出现打破了这种局面，触屏式的交互操作正式走进用户的生活。

智能手机交互模式

对移动端产品来说，灵活运用手势具备两大优点。一方面，通过交互手势可以让界面的设计方式更加多样；另一方面，灵活使用交互手势可以减轻用户的操作负担，让用户在使用产品的过程中更加轻松。

密码解锁与指纹解锁

4.6.1 点击

点击是用户使用最多的交互手势，常用于对目标的选择和激活。例如我们打开手机要使用App时，通过点击打开；在提交一个功能时，通过点击选择"确定"或"取消"。

通过点击激活控件

4.6.2 拖曳

手指长按住屏幕并且拖曳，常用于对界面元素进行移动操作。例如在手机桌面上，通过拖曳手势改变应用的排列位置。

通过长按、拖曳 App 改变其排列顺序

4.6.3 双击

双击设备屏幕，常用于放大或者缩小图像。例如我们对相册里的照片进行双击操作，使图片放大或缩小。

双击手机屏幕时，照片会放大

4.6.4 长按

手指按住设备屏幕，常用于复制文本以及一些状态的唤醒。例如在短信功能里长按消息列表，唤出相关的操作功能；在微信公众号阅读文章的时候，通过长按选择文本。

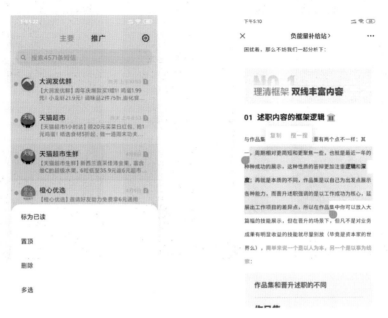

短信列表、微信公众号

在B站中，用户遇到喜欢的视频可以进行"点赞""投币""收藏"三种操作。而B站针对这三类操作，推出了"一键三连"的操作：用户通过长按"点赞"按钮，就可以同时激活这三种操作，不仅减轻了用户的操作负担，还通过这种有趣的交互，提升了功能的使用率。

B 站的"一键三连"操作

4.6.5 轻扫

对界面元素进行快速地滚动或平移。例如我们浏览相册、朋友圈九宫格照片时的操作。

相册、朋友圈九宫格图片滑动

4.6.6 滑动

对界面进行左右滑动，比较常用的场景是信息列表管理（关注、删除），交友软件中对用户卡片进行左滑、右滑（左滑不喜欢、右滑喜欢）等操作。

QQ 左滑功能

4.6.7 旋转

两指按住屏幕进行转动，常用于对图像进行旋转操作，如下图所示。

旋转图像

4.6.8 捏合

两指向外捏合时放大，两指向内捏合时缩小。常用于对图片、地图进行放大或缩小的操作。

缩放操作

4.6.9 摇一摇

在 iOS 系统中的一些场景下，摇动设备可以执行撤销和重做操作。在其他手机产品里也有不同方式触发交互，在小米手机中，长按一个应用并摇一摇可以让图标自动对齐。

手机桌面应用排序

随着近几年手机屏幕的尺寸变大，常见的操作手势主要有三种。

单手持：用单手的四根手指握住手机，用大拇指进行点击、滑动等操作。

单手操作

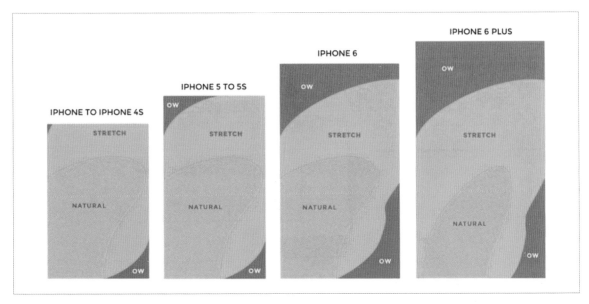

单手操作热区

双手持：用左手托住手机，右手叠加在左手上，通过左右手的大拇指进行操作。

双手操作

双手持：用左手握住手机，右手对手机进行操作。

双手操作

4.7

尼尔森可用性原则

尼尔森可用性原则由雅各布·尼尔森提出，尼尔森可用性原则主要分为10条内容。

1.保持操作的可见性。

2.贴近用户的现实环境。

3.用户失误时可撤销。

4.保持产品一致性。

5.帮助用户规避错误。

6.减轻用户记忆原则。

7.保持效率优先。

8.易扫原则。

9.帮助用户认知、修复错误。

10.提供帮助文档。

4.7.1　保持操作的可见性

对于用户的任何操作都要即时给予反馈，不要让用户等待、猜测。如果你在产品规划的时候都对产品的使用方式产生一种"这样操作是理所当然"的感觉，那么用户在使用产品时就会出现"想不明白"现象。例如当用户通过点击一个功能，打开了一个新的页面，而页面显示空白时，用户并不明白这个完全空白的页面是处于正在加载中的状态，还是加载过程中出现了失败，又或是界面无数据。

因此合格的用户体验应该做到页面在各个状态下皆有响应，而非让用户去猜测当前页面所处的状态。例如当用户对页面进行下拉操作，等待进入新页面时，会出现动画效果。通过小动画告知用户，你的操作已经生效，目前处于内容加载状态。

站酷的下拉刷新、加载

当用户在进行需要等待的操作时，最好可以显示用户请求的实时执行进度，例如QQ邮箱附件上传时，用户可以看到附件的传输进度以及预计完成的时间，这样不仅让用户获得了对事件的掌控感，并且可以参考当前任务的执行进度，以此决定是否要对当前任务进行操作。

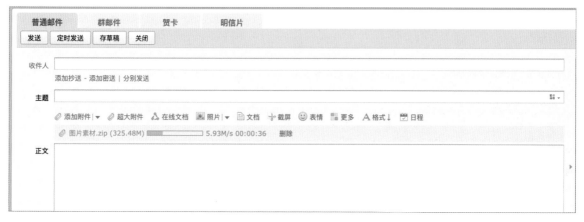

QQ 邮箱上传附件

当我们对任务进行一些操作后，需要及时得到操作结果的反馈（操作生效或操作失败），例如支付宝每个月花呗的还款，用户在进行还款操作后能够及时收到操作是否成功的反馈。

花呗还款

4.7.2 贴近用户的现实环境

产品设计应尽量符合用户所处环境的用语，拉近与用户的心理距离。例如当我们在第一次使用计算机的时候，废纸篓图标会引起我们对现实生活的联想，让我们能够明确这个功能的作用。类似的运用还有计算器界面、秒表界面的设计。

计算器、秒表

贴近现实原则还要求做到根据用户的实际情况设计产品。例如在20世纪刚发明计算机时，当时的使用者都是专业人员，使用者可以学会运用打孔卡的方式使用计算机，而计算机输出的结果也是只有专业人员才看得懂的机器语言。在这个阶段，由于与机器的交互流程的都是专业人员，因此对交互方面的体验要求并不高。但是当计算机开始大规模普及时，大量的普通用户也开始使用计算机，输入输出方式的优化成为产品设计的重中之重。

为了让老年人群体更加方便地使用产品，支付宝推出了关怀版，用户进入支付宝之后，在搜索栏搜索"关怀版"，即可进入支付宝关怀版。整体的功能模块设计得非常突出，ICON和字体也非常显眼直接，减轻了用户的使用负担，提升了用户的使用效率。

打孔卡

支付宝关怀版

同样，搜狗输入法为中老年人推出了长辈模式，在长辈模式下，按键的面积和字体的大小都增大了，用户使用输入法的准确率大大提升。

搜狗输入法的长辈模式

4.7.3 用户失误时可撤销

在用户出现操作失误时可以进行撤销操作。设计师工作中常用到的是Photoshop的撤销功能，在进行设计的过程中，如果进行了误操作或者操作后觉得效果不满意，就可以使用Ctrl+Z撤回，撤销刚刚执行的操作。

日常生活App中的撤销功能：例如在外卖App下单后，如果出现特殊情况可以及时进行订单的撤销，规避因为不可抗力（下错单、时间选错等）导致的损失。这里着重讲一下美团外卖的取消订单流程，一般取消订单的流程大部分是：找到订单—点击取消按钮—选择取消订单理由—确认提交—取消成功。

而美团外卖取消订单的流程是：找到订单—点击取消按钮—确认提交—取消成功—输入取消原因，这样的设置可以极大地减轻用户因为出错而想取消订单时产生的焦虑感。

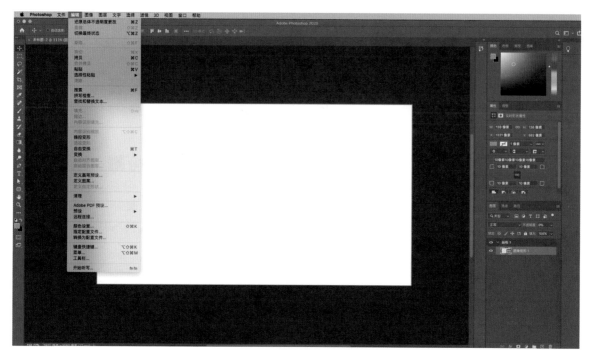

Photoshop 的撤回功能

美团取消订单

微信的聊天功能中也合理地运用了可撤销原则，用户在发送信息之后的两分钟内可以进行撤回操作，设计师考虑到了用户在聊天的过程中会出现打错字的情况，因此在用户进行撤回后，可以对信息进行快捷编辑，无误后再次发送。

微信消息撤回

4.7.4 保持产品的一致性

产品中的所有用词需要具备统一性，相关的功能操作（包括手势）也需要保持一致化与标准化。

例如现在大多数产品会将用户的一些特定手势与功能进行关联，用户也对这些设定形成了固定的习惯，在产品设计的过程中就可以将这些手势结合进去，像是移动端产品中的下拉刷新功能等。

互联网产品中的下拉刷新

在产品设计的过程中，我们需要为每个用户的角色设置固定的名称。例如对商家进行管理的后台系统中，商家的名称是固定的，否则在不同的功能界面中出现用户、客户、商家等不同的名称，会使用户感到困惑。

同样，在同一产品中，对于操作的按钮次序也应该保持一致，不能有的弹窗出现"确认在左，取消在右"，有的弹窗"取消在左，确认在右"的情况。

4.7.5 规避错误

在产品的操作流程中，用户常常容易犯错，而过多的运用撤销原则会导致整个功能流程变得混乱，因此需要设计使用户规避掉一些错误的功能。

给用户二次确认的机会。在操作计算机时，向"废纸篓"里拖曳文件是不会有弹窗提示的，而当我们清空"废纸篓"时，会出现二次确认弹窗；微信清空与好友的聊天记录时，也会弹出二次确认的弹窗。

微信 – 清空聊天记录

在用户进行表单页填写时，可以为用户提供填写字段的辅助信息，帮助他们理解需要填写的内容，或者提供一些选项供用户选择。例如填写身份证时，很多身份证尾号为字母x的朋友在填写信息都会比较苦恼，在这个场景下的用户体验分为四大类。

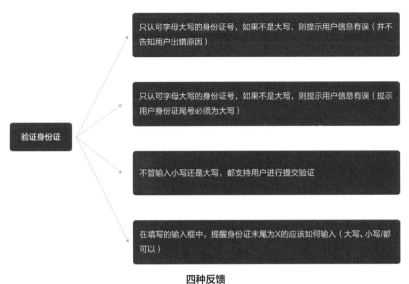

四种反馈

对于用户而言，在使用的过程中最佳的体验就是第四种情况：通过预先提示，有效地起到了规避错误的效果。第三种虽然也避免了用户出错的可能，但是由于没有设置文案提示，用户在输入的过程中不免也会存在疑虑的情绪。

规避错误的作用不仅仅在于帮助用户减少误操作，还能在用户容易疏漏的"点"上进行预先提醒。例如脉脉的蓝月职场生存测试，用户会在职场中扮演一个角色，并在关键的节点给出自己的抉择。在剧情推进的过程中，蓝月测试会适时地提供提示，避免用户忽略、错过一些关键节点。

脉脉蓝月测试

4.7.6　减轻用户记忆原则

对用户而言，提供具备识别性的要素要强于让他们自行回忆，因此我们需要在关键的节点给予用户帮助和提示。

减轻用户记忆原则适用于一些产品的密码重置的场景，极少数的产品为了"提升账号安全性"，规定用户重置的新密码不能与之前六个月内设置过的密码重复，我想很多读者读到这里可能会产生同感。我个人平时使用的产品有十几个，大概的密码命名方式为四位数英文加四位数数字。我大多数用的密码是"xszh0001"，如果有要求我改密码的产品，我会有一个备选密码"xszh0002"，然后在这两个密码之间选择。这个时候，如果有产品在注册时要求密码开头必须大写，那当我下次登录这个产品，就可能会陷入混乱，因为经过长时间养成输入固定密码的习惯后，已经不太能确定我开始输入的是什么了。这种情况下可以使用减轻记忆原则的方法解决，即提供给用户足够清晰的提示文案。同样的道理，现在越来越多的产品采用手机验证码或者直接识别手机号一键登录，也能够有效地减轻用户的记忆负担。

在使用购物类App时，你选择了多种商品后提交订单，能看到订单的明细，包括产品的名称、数量、价格，用户通过已选商品的明细展示也可以减轻记忆负担。

天猫超市的购物结算

很多互联网产品会将用户的历史搜索记录保存下来，便于用户在下一次使用搜索的时候可以直接选择，不必再回想之前的搜索内容。

QQ 音乐、网易云音乐搜索功能

4.7.7 保持效率优先

对于产品而言，用户里面中级用户的数量要比初级用户和高级用户多，这一点提醒着我们要为大多数用户进行设计，保持用户在产品使用过程中的效率。

例如在前文提到过的支付宝关怀版，对于很多用户而言，打开支付宝-搜索关怀版-进入关怀版-使用功能的操作成本还是比较高。因此产品设计了可以通过点击关怀版右上角的符号"...."选择将关怀版添加至手机桌面的操作。这样一来，用户下次就可以直接从手机桌面进入"关怀版支付宝"，缩短了用户的操作路径。

为了方便用户更好地管理自己拥有的素材，许多产品都会提供批量管理的功能。用户不必再通过选中-操作-选中-操作的方式使用产品，而是选中-选中...-选中-执行操作的方式，提升了用户的操作效率，例如微信公众号推送的文章可以多选，用户通过批量勾选可以对推文进行群发操作。

支付宝关怀版 添加桌面

微信批量转发

效率优先原则的另一个方面是产品尽可能在用户的操作流程中发现可以优化的点并进行优化，例如用户在截图之后打开微信对话，手机会提示"你可能需要发送照片"。用户在截图后，界面会有提示"截图成功，是否要反馈问题"的消息，这就是从用户的操作情境去思考，提升使用效率。

微信发送图片、小米钱包－截图反馈

在你想要为朋友买东西的时候，朋友给你发了地址，你复制了地址并进入产品的添加地址功能后，一些购物App、快递App支持对字段进行智能拆分，减轻用户的填写负担。

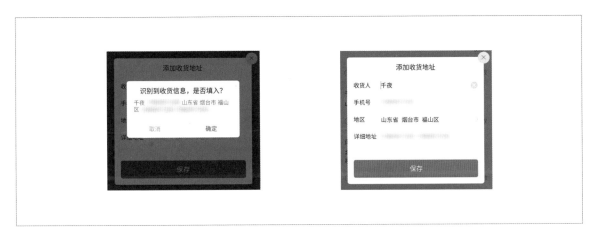

地址识别

4.7.8 易扫原则

设计需要简洁美观，尽可能不要添加多余的内容，每条多余的信息都会分散用户对于重要信息的注意力。尤其是在当下快节奏的互联网时代，用户浏览的方式通常都是"扫"而并非"读"。

例如，我们申请手机验证码时，发送过来的验证码一定是能够让你一眼就注意到。很多微信订阅公众号也会对自己推送的文章进行优化排版，对重点的字词着重标记、调整文字的行间距等。

标记重点信息

4.7.9 帮助用户认知、修复错误

在用户使用产品出错的情况下，我们需要帮助用户理解当前发生了什么样的错误，引导用户更有效率地从错误中恢复。

在帮助用户修复错误的过程中，要尽量运用用户能够理解的词语。例如宽带故障代码是我在初中时代最害怕遇到的问题，因为当时家里唯一能上网的渠道就是台式计算机，所以一旦出现宽带警告、故障代码，都没有办法自己排查，只能打电话给人工客服询问。

像一些游戏在进行加载的过程中，如果出现了卡顿问题，用户可以点击重新加载按钮对问题进行修复，用户不需要知道出现了什么问题，只需要点击一下按钮即可。

宽带故障代码

英雄杀的加载界面

4.7.10 提供帮助文档

我们需要在用户使用产品的过程中提供给用户帮助文档，在用户使用产品需要求助的时候可以通过帮助文档来解决问题。

对于用户帮助可以分为四类：无须提示、一次性提示、常驻提示、帮助文档等。

提供帮助文档

无须提示	界面逻辑非常简单，无须再额外添加多余的提示信息
一次性提示	只要经过一次提示后，用户就能够明白如何进行使用，常应用于新功能的介绍提示
常驻提示	需要固定提示信息位置，例如用户使用统计工具时，指标右侧的提示信息可告知用户指标的含义
帮助文档	产品功能体系十分庞大、对用户的认知负担较重时，需要使用帮助文档，常用于B端产品

百词斩使用一次性提示

Kitchen 的使用说明

4.8

交互设计七定律

4.8.1 费茨定律

费茨定律由保罗·费茨博士在1954年提出。费茨定律的具体内容为：当物体从一个起始位置移动到一个最终目标所需的时间由两个参数来决定，即目标的距离和目标的大小。

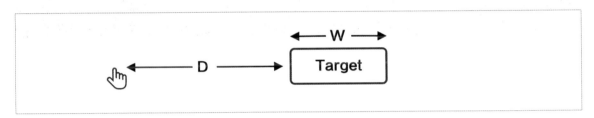

费茨定律

费茨定律的公式为：T = A + B log2 (D / W + 1)

其中T指的是移动设备所需时长，A、B是经验常量，D指的是设备起始位置和目标位置的距离，W指的是目标的大小。当物体当前位置（手指处）和目标位置（W处）的距离D越长，所用时间就越长；当目标大小的W越大时，所用时间就越短。

这个规律经常被运用于游戏中控制操作得分的难度。例如我们在手机上玩点击游戏的时候，目标越大我们越容易点中，而目标越小，我们想要点中就越困难，甚至在目标非常小的情况下，还会发生无效点击的情况。

水果忍者

在UI界面设计的过程中，费茨定律影响着我们对界面元素的规划、排布。我们通常会将重要、常用的功能在界面中放在用户容易触达的区域，元素的面积也要更大一些。例如下图在界面底部的操作区中，当商品可以立即下单时，用户主要使用的功能为"加入购物车"和"下单"，这两个功能做成了面积较大的按钮放于右下方，而用户不常用的功能则采用"图标+文字"的形式放于左侧；当商品不可下单时，"立即预约"按钮会占据下方操作区内较大的面积。

淘宝、京东下单界面

对于计算机系统而言，将重要的操作功能放置于屏幕的边缘地区，也是费茨定律的一种应用。例如MAC系统，会将程序放置于屏幕的底部，一些重要的操作（开机、关机、休眠和系统设置等）会放置于左上角的屏幕边缘。用户在使用的过程中，如果需要使用功能，就可以直接拖曳鼠标到屏幕边缘进行选择。

MAC 界面

费茨定律提醒着设计师在功能设计的过程中，通过减少触达距离、增加元素面积来提升用户的使用效率，但是这条定律还可以反过来应用于一些需要适当"防错"的场景中。例如苹果手机的关机界面，关机的触发采用了操作成本更高的滑动功能而并非点击功能，并且滑动区域处于手机的顶部，避免了用户的误触操作的可能。

苹果手机关机界面

4.8.2　希克定律

希克定律又名希克–海曼定律，以英美心理学家威廉·埃德蒙·希克和雷·海曼的名字命名。

希克定律指用户在决定时所花费的时间与选项数目多少息息相关，这个法则被用来衡量人们面对多种选择的时候，需要多长时间才能做出决定。

希克定律方程式：$T=a+b\ log2（n）$

其中，T=反应时间，a=总的认知时间，b=对选项认知的处理时间，n=选项的数量。简而言之，当用户面临的选择越多时，用户做出选择所需要的时间就越长。

从视觉角度来看，大量的选择和筛选条件如果平铺到同一个界面上，就会导致视觉上的拥挤和用户效率的降低。因此在功能设计的过程中应该尽可能减少用户的选择负担，或者将选择项按分类进行折叠让用户按照分类选择，提升用户的使用效率。例如很多网站的导航栏中的功能数量一般不超过9个。

导航

4.8.3　米勒定律

米勒定律由美国心理学家乔治·米勒提出，米勒通过研究发现，由于人的大脑有着短期存储空间的局限性，因此一个人最多只能同时处理5-9条信息，如果人脑同时处理的信息超过9条，那么发生错误的概率就会提高。

在日常生活中最常用到米勒定律的情景就是我们在处理很多数字信息的时候，都会按照自己的习惯去拆分数字，进行记忆和理解。

处理数字信息

手机验证码	XXXXXX	XXX / XXX
QQ号	XXXXXXXXX	XXXX / XXXXX
手机号	XXXXXXXXXXX	XXX / XXXX / XXXX
银行卡号	XXXXXXXXXXXXXXXXXX	XXXX / XXXX / XXXX / XXXX / XXX

美团手机号、银行卡输入界面

此外很多的产品在出租车、公交车广告牌上投放广播、影像广告的时候，留下的电话号码尾号多为连号或相同号码，这样做也是为了减轻潜在客户的记忆负担，提高客户进行电话咨询的可能性。

4.8.4 防错原则

防错原则中提出，大部分的意外都是由于设计的疏漏造成，而不是人为操作失误导致。因此我们在设计的过程中需要规划合理的防错机制来减少用户操作错误。

在一些产品的个人资料补充填写页面，当用户填写完一项内容时，如果用户录入的内容出现错误，输入框会马上以标红框方式提醒用户该项填写有误。

网易邮箱注册界面

产品的登录页，如果用户没有完成填写账号和密码（验证码）的情况下，登录按钮就会处于置灰失效状态，避免用户进行无效操作。

脉脉登录页

除此之外，我们在生活中也会遇到很多合理运用防错原则的例子，比如洗碗槽里的过滤器，能够防止我们因为失误导致的水槽堵塞。冰箱门打开30秒之后会发出警示音，以提醒用户关门。

冰箱提示

4.8.5 复杂度守恒定律

1984年Larry Tesler提出复杂度守恒定律，也称为泰斯勒定律。该定律指出，每一个过程都有其固有的复杂性，复杂性存在着一个临界点，当超过了这个临界点后过程就不能再进行简化了，只能将固有的复杂性从一个地方移动到另一个地方。

以家用电器为例，现在很多的家用电器变得非常智能，用户可以通过手机App进行操作，并且添加了非常多更人性化的功能。在用户享受更便捷功能的同时，电器制造的过程中所包含的内容也变得更加复杂了。这就是"复杂性从一个地方移动到另一个地方"的体现。

早期电视遥控器上的按钮非常多，之后很多制造商对于遥控器的按钮进行了简化，但是简化到一定程度后就没有办法再简化了，因为必须要保留基础功能的按钮，如开关机键、换台键、音量键等。

遥控器

4.8.6 奥卡姆剃刀原理

奥卡姆剃刀定律（Occam's Razor, Ockham's Razor）又称"奥康的剃刀"。奥卡姆剃刀原理的核心思想是"如无必要，勿增实体"，即"简单有效原理"。这一理念源于十四世纪时西方对于神学彼此之间的论战，当时英格兰的逻辑学家William of Ockham针对神学之间的论战，提出了"奥卡姆剃刀"这一理论。在常见的思维方法里，"剃刀"被认为是一种通过思辨处理事情的方式，在你陷入思考瓶颈的时候，使用剃刀原理可以帮你把一些干扰性的内容给"剔除"。奥卡姆剃刀提倡只承认确实存在的东西，认为那些空洞无物的普遍性要领都是无用的累赘，应当被直接"剔除"。

在设计领域里，奥卡姆剃刀理论提醒着我们不要在页面中添加过多不必要的元素，要保证页面给用户一种简洁、直观的感受。最典型的例子就是搜索引擎，当用户打开搜索引擎时，视觉最重点的地方是搜索框和搜索按钮，而其他的一些操作则在视觉上被弱化掉了。

搜索引擎

在生活中，奥卡姆剃刀提醒着我们在面对事情的时候尽可能避免复杂化，要保持问题本身的简单性，找到关键点，提高处理事情的效率。

4.8.7　接近法则

格式塔心理学之接近法则中提到，当人们接触一些事物时，会凭借元素之间的距离判断它们之间的关系。接近性法则指出，当对象彼此接近时，它们往往会被认为是一个整体。例如个人中心界面的功能归类，关联度更高的功能会在视觉的排布上更接近。

个人中心

4.9
格式塔原理

格式塔主义是二十世纪初在德国出现的反对冯特构造主义的一个学派，诞生于1912年。"格式塔"是德文 Gestalt一词的音译，意思为"形式""形状"。在心理学中用这个词表示的是任何一种被分离的整体，格式塔也被译为完形心理学。格式塔学派认为，人的心理意识活动都是先验的"完形"，即"具有内在规律的完整的历程"，是先于人的经验而存在的，是人的经验的先决条件。

格式塔原理由四大基础构成，即：整体性、具体化、组织性、恒长性。

格式塔原理四大基础

4.9.1 整体性（Emergence）

整体性指的是当一个物体以粗略的样貌出现在我们视线中的时候，我们会通过眼睛找到物体的轮廓，对比脑中存在于记忆的形象快速寻找到结果，然后才会注意到这个物体的组成细节。

类似于下图，当我们在第一眼看到的时候，首先想到的是小狗，然后才会去观察那些组成它的形状部分。

整体性

4.9.2 具体化（Reification）

在现实生活中，很多时候我们接触到的物体在视觉上都是不完整的，因此当物体的视觉信息出现缺失时，我们的大脑具备着自动填补空白的能力。

例如当我们看到下图时，首先就会想到大熊猫和足球，虽然下图中并没有明显的边缘，但是我们会在脑海中脑补出白色部分的"边缘"，对图形的形象进行"补全"。

具体化

4.9.3 组织性（Multistability）

对于模糊的事物我们常常会存在多种的判断结果，例如当我们看到下图的时候，我们对于事物的感知会在A和B两者之间反复确认。当一种感知结果占据主导地位时，另一个感知结果将会相对减弱。

如下图所示，你可以将它看作是两个人的侧脸轮廓，也可以将它看作是一个烛台。但当你聚集注意力把它看成是烛台的时候，侧脸轮廓的形象会变弱，反之亦然。

组织性

4.9.4 恒长性（Invariance）

对于一个简单的物体，不管它如何旋转、缩放，我们都能一眼将其识别出来。因为我们在日常生活中经常从不同的角度看到这些物体，对简单物体的形状已经有了深刻的记忆。

恒长性

4.10
格式塔相关原则

4.10.1 接近性原则

当人们尝试去认知一些事情时，会凭借元素之间的距离来判断它们之间的关系。接近性原则指出，当对象彼此接近时，它们往往会被认为是一个整体。

左边的图形我们会将它看作一个整体，而中间的图形像是由两个部分组成。接近性原则中还提到一点，对于物体而言，它们之间距离的远近要优先于色彩和形状。因此，最右面的图形看起来依旧像是由两个部分组成。

接近性原则

在很多产品的个人中心、设置功能中都会运用到接近性原则，将关联性更强的功能排版得更近，而在不同的功能模块之间通过调整间距进行区分。

京东、拼多多 - 个人中心

相似性原则认为外表相近（形状、颜色、大小等）的元素会被视为一组，只要元素之间具有相似性，那从视觉的角度就很容易被认为是一个整体。

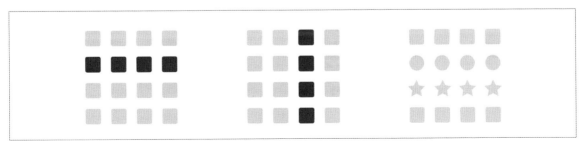

相似性原则

如下图，我们会将界面中金刚区的功能自动分为两类，这就是因为上面和下面的视觉设计风格的不同，更容易让我们感知到二者之间存在的差异性。同时，通过这样的设计方法还可以通过视觉的差异性来减轻用户的浏览负担。

美团 App 界面

4.10.2 连续性原则

视觉更倾向于感知有联系的事物而非碎片化的信息，因此就算我们看到了非连续的事物，也会在脑海中将其进行连续化的联想。如下图所示，左侧的图形我们会把它视为两条线被一个圆形覆盖而不是四条短线、右侧的图形我们也不会把它看作多个线段而是一个圆形。

在设计中比较典型的例子就是IBM的图标，虽然有非常多的线条截断了IBM的字母形状，但是并不影响我们对这个形状进行感知和补全。

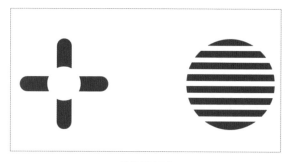

连续性原则   IBM

4.10.3 封闭性原则

视觉系统会尝试将敞开的图形关闭起来，从而将其感知为完整的物体而不是分散的碎片，因此人们通常会将一些局部的形象当成一个整理的形象来进行感知。

封闭性原则

例如在产品的横向导航栏中，如果标签数超过了5个，在需要横向滑动的情况下，常常会将超出部分的标签留出部分在页面中，用户虽然看不到屏幕之外的部分，但是依然会脑补出屏幕外有内容存在，他们就会通过左右滑动查看内容。

横向导航

4.10.4 对称性原则

对称性原则指出了我们在感知物体的时候，更容易将对称的物体理解为一个整体。

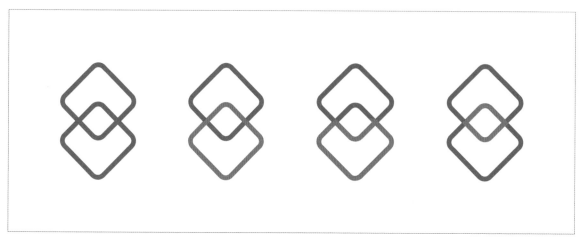

对称性原则

在UI设计的布局中常会用到对称性原则，使用对称性原则布局的界面结构在视觉上会显得更加稳定。

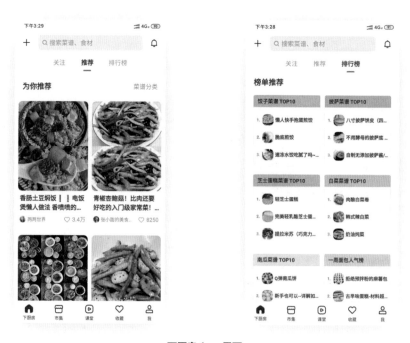

下厨房 App 界面

4.10.5 主体/背景原理

当用户审视一个界面的时候，产生的第一反应就是对界面中的元素进行区分：哪些是重要的、哪些是不重要的。当小图形重叠于大图形之上时，我们会倾向于将小图形视为主体，大图形视为背景。

主体 / 背景

例如当产品在做活动、推广的时候，用户进入产品后会弹出活动弹窗，通过遮罩效果将重要部分（弹窗）突出，弱化了不重要的其他元素，使用户能够快速聚焦到设计者希望他看到的内容上。

活动弹窗

4.10.6 共同命运

共同命运原则指出，在同一方向上移动的元素比静止或在不同方向上移动的元素要显得更为相关。

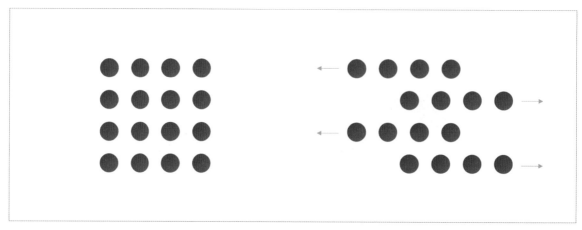

共同命运

例如在对手机桌面上的应用软件进行框选然后拖曳时，所有的文件会保持同样的移动效果，让我们明确这些移动的元素在此刻都属于"同一个整体"。我们在手机桌面上长按操作键时，所有的应用都会通过动效显示来提醒用户：该操作对它们已经全部生效。

小米手机桌面

CHAPTER

05

会用到的方法分析

5.1
SWOT分析法

SWOT分析法，也被称为"态势分析法"，由旧金山大学管理学教授海因茨·韦里克提出。很多企业会通过SWOT分析法对自身进行内部的优劣势分析与外部的环境分析，从而得出一系列的结论，用于对未来方向提供决策。

SWOT分别指的是优势（Strengths）、劣势（Weaknesses）、机会（Opportunities）、威胁（Threats）。

SW分析

对企业内部资源进行优劣势的分析

OT分析

对外部环境造就的机会与威胁进行分析

SWOT 分析法

5.1.1 SW优劣势分析

与竞争对手相比，我们存在着哪些优势和劣势，在进行SW分析的过程中，可以结合"QCDMS分析法"分析优劣势。

QCDMS分析要素

Q	产品的品质
C	产品的开发成本/盈利情况
D/D	产品的产量/效率/交付能力
D/L	研发技术/生产技术
M	人才储备/设备水平/管理方法
S	产品的销售能力与服务水平

5.1.2 OT机会与威胁分析

随着企业的发展与外部环境的变化产生了机会与威胁，在进行OT分析的过程中可以运用"PEST法"或"波特五力模型"。

1.PEST分析法

PEST分析法多用于对宏观环境的分析，依托于大量的数据、资料，从政治（Politics）、经济（Economy）、社会（Society）、技术（Technology）等角度进行分析。

PEST分析要素

政治	政治制度、政局环境、政府的态度以及相关的法律法规等
经济	人均GDP、利率水平、财政货币政策、通货膨胀情况、失业率水平、居民可支配收入水平等
社会	人口环境和文化背景，包含人口规模、年龄结构、宗教信仰、沟通语言等
技术	与企业市场有关的相关技术、材料的发展趋势以及应用背景

2.波特五力模型

波特五力模型强调在企业的外部竞争环境中，会受到五种竞争作用力的影响，即：现有竞争者、潜在竞争者、代替品、客户、供应商。

波特五力模型要素

现有竞争者	在制定策略和日常经营时，需要面对的竞争者
潜在竞争者	当行业具备市场前景时，想要入局的竞争者

（续表）

代替品	和现有产品具备类似功能的产品
客户	我们服务的对象
供应商	为我们提供服务的对象

结合实际情况对上述进行分析后，我们可以将结论收集起来放入表格中，并制定出相应的应对战略。

OT机会与威胁分析要素

	优势（Strengths）	劣势（Weaknesses）
机会（Opportunities）	SO战略 自身产品的优势+外部的机会 利用机会，最大限度地发挥优势	WO战略 自身产品的劣势+外部的机会 利用机会，从劣势中摆脱出来
威胁（Threats）	ST战略 自身产品的优势+外部的威胁 合理借助优势，尽量消除威胁	WT战略 自身产品的劣势+外部的威胁 明确产品的劣势和威胁，做出应对策略

5.2
KANO模型

KANO模型由东京理工大学教授狩野纪昭发明，是一种用来对需求进行分类和优先排序的方法，常被用在产品功能规划的过程中。KANO模型以分析用户需求对用户满意的影响为基础，体现了产品性能和用户满意之间的非线性关系，并根据不同类型的需求与用户满意度之间的关系，将影响用户满意度的因素分为五类。

5.2.1 基本型需求

用户对企业提供的产品或服务的基本要求，是用户认为产品"必须有"的属性或功能。当产品没有满足用户的基本型需求时，用户会非常不满意；而当产品提供的基本型需求超越了用户的期望时，用户也不对此表现出更多的满意度。

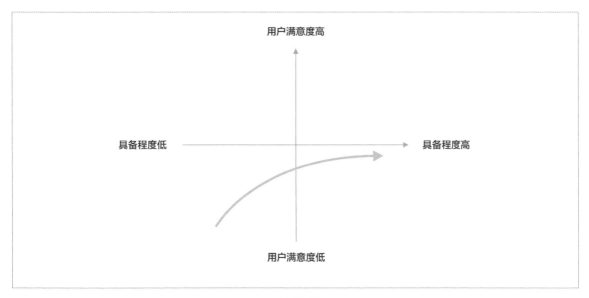

基本型需求

例如网盘类产品，用户的基本需求是产品能够提供快速的上传和下载文件的服务。如果下载速度达不到用户的心理预期，用户满意度则一落千丈。当下载速度达到正常速度时，对于用户而言，他们会认为这是理所当然的。对于基本型需求，企业尽可能地将基本需求的满意度做到用户的及格线以上，并且随着时间的推移，需要不断重新定义用户需求"及格线"的标准。这有点像我们日常使用的网络流量一样，在十年前可能一个月都用不完500M，现在一个月可能10G都远远不够。

5.2.2 期望型需求

当产品满足了用户的需求时，用户的满意度会提升；当产品没有满足这个需求时，用户的满意度会下降。满足用户的期望型需求有助于提高产品的核心竞争力，获得更多用户的关注。

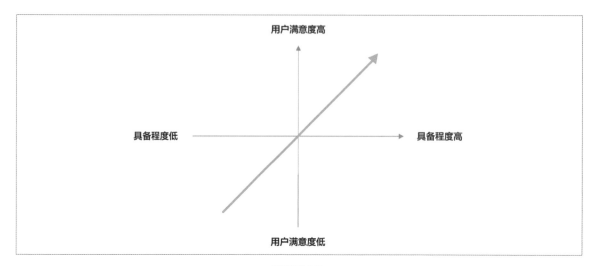

期望型需求

这里补充一点，期望型需求并不一定都是我们主动提供给用户的，还有用户在使用过程中遇到的一些诉求。例如某些O2O类的产品，虽然商业模式和功能搭建都做得比较成熟，但是由于各种各样现实中临时出现的原因，用户在使用的过程中也可能会感受到糟糕的体验，而用户在有过糟糕的体验之后往往会期望能通过反馈得到心理上的安慰。例如，旅行类产品存在旅程预计时间偏差、酒店体验差和外卖类产品存在用餐体验差等。在用户经历这种糟糕的体验之后，往往期望能通过投诉及建议获得产品方的反馈或帮助，那么我们在设计产品功能时，应考虑帮助用户快速圆满地解决这种问题，从而提高用户的满意度。

携程的客服功能

5.2.3 魅力型需求

魅力型需求也称兴奋型需求，指用户想不到的和不会被用户过分期望的需求。如果不满足这个需求，用户对产品的满意度不会下降；当产品满足这个需求时，用户的满意度会大幅度提升。

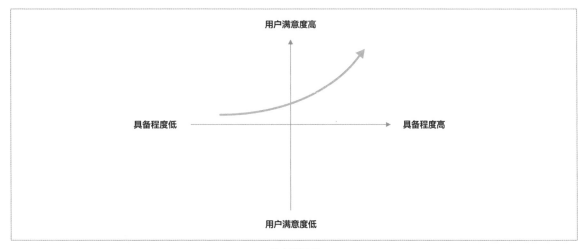

魅力型需求

一些魅力型需求的设计可以让用户在使用过程中充满小惊喜。例如，微信推出的"拍一拍"和"信息炸弹"等功能。

微信界面

5.2.4 无差异型需求

该需求不论满足与否，对用户体验无影响，它们不会导致用户满意或不满意。例如很多的产品将启动页与商业广告、产品活动相结合，当用户打开App时，就会看到这类启动页。用户对于这种形式的设计并不会很反感。

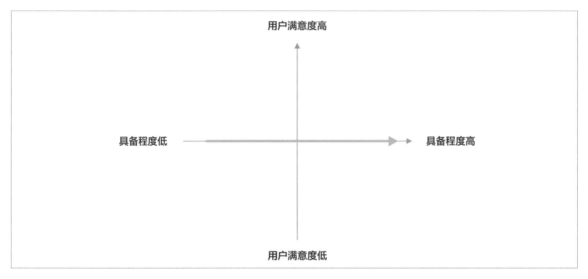

无差异型需求

产品活动启动页

5.2.5 反向型需求

当提供这个功能后，用户满意度会下降。还是举上面提到的案例，将App打开时的闪屏页进行商业化，用户并不会感到不满意，但是像一些小说类的阅读网站，为了提升广告的点击率在翻页操作的按钮旁边加上广告触发按钮，当用户点击下一页时，就触发了广告页面。对于这种功能，用户会觉得非常反感。

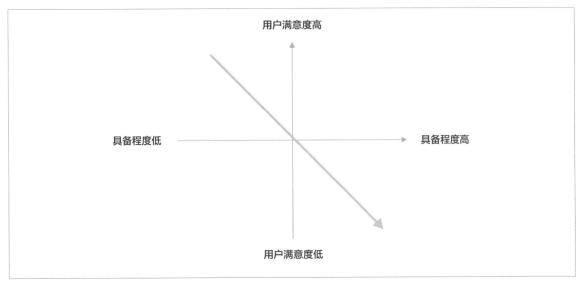

反向型需求

5.2.6 KANO的运用

通过KANO模型，我们可以对收集到的产品需求进行分类，筛选掉一些不合理的需求，更好更有目的性地去规划产品。一般情况下，对KANO模型分类出来的功能类型优先级排序如下。

基本型需求 > 期望型需求 > 魅力型需求 > 无差异型需求 > 反向型需求

在用户的调研过程中，我们可以通过邀请用户填写问卷来判断需求的类型。

产品功能调研

		产品不具备该功能				
		喜欢	理应如此	无所谓	可以忍受	不喜欢
产品具备该功能	喜欢	Q	A	A	A	O
	理应如此	R	I	I	I	M
	无所谓	R	I	I	I	M
	可以忍受	R	I	I	I	M
	不喜欢	R	R	R	R	Q

A:魅力属性　　O:期望属性　　M:必备属性　　I:无差异属性　　R:反向属性.　　Q:可疑结果

除了通过对问卷调研的结果进行归类外，我们也可以选择计算Better-Worse系数来判断需求的类型。Better的数值一般为正数，代表产品提供了某功能时，用户的满意系数。如果Better数值越大，代表产品提供服务后用户的满意度提升会越高。Worse的数值一般为负数，代表如果产品不提供某功能时，用户的不满意系数。如果Worse的负值越大，代表产品取消该服务后用户满意度下降程度越大。

提供功能后的满意系数公式：Better/SI=（A+O）/(A+O+M+I)

取消功能后的不满意系数公式：Worse/DSI=-1*（O+M）/(A+O+M+I)

这里的A、O、M、I分别对应了魅力属性、期望属性、必备属性、无差异属性。在计算完Better-Worse系数后，将结果填到对应的象限中。

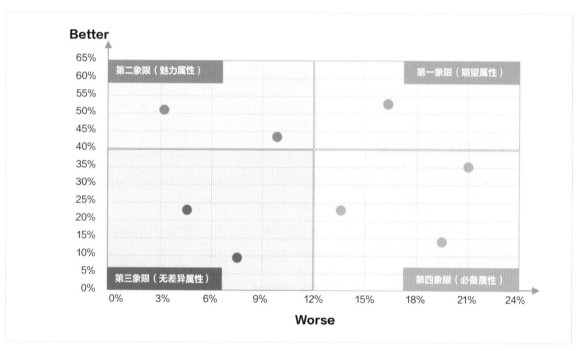

Better-Worse 系数分析

第一象限（期望属性）

Better系数和Worse系数都很高，代表如果产品提供此功能时，用户的满意度会大幅度提升，如果产品不提供此功能，用户的满意度会大大降低。这时我们需要考虑如何去满足用户的期望，提升产品的竞争力。

第二象限（魅力属性）

Better系数高，Worse系数低，代表如果产品提供此功能时，用户的满意度会大幅度提升，如果产品不提供此功能，用户的满意度也不会降低。

第三象限（无差异属性）

Better系数和Worse系数都很低，代表如果产品提供此功能时，用户的满意度不会提升，如果产品不提供此功能，用户的满意度也不会降低。这些功能可有可无，用户并不在意。

第四象限（必备属性）

Better系数高，Worse系数低，代表如果产品提供此功能时，用户的满意度不会提升，如果产品不提供此功能，用户的满意度会大幅度下降。这代表用户认为这是最基础的东西，提供该功能是理所当然的。

5.3

HEART模型

早年间Google团队发现，他们在产品设计过程中使用的PULSE评估体系对于用户体验部分的衡量作用有限，因此，他们在PULSE评估体系的基础之上设计出了HEART模型，用来衡量产品的用户体验度。

PULSE评估体系

Page view	页面浏览量
Uptime	响应时间
Latency	延迟
Seven days active user	七日活跃用户数
Earning	收益

HEART模型

HEART模型由五个维度组成：愉悦度（Happiness）、参与度（Engagement）、接受度（Adoption）、留存率（Retention）和任务完成率（Task Success）。

HEART 模型

5.3.1 愉悦度（Happiness）

愉悦度可以从三个维度进行提升，分别是产品的可用性、易用性和视觉美观性。另外，愉悦度主要体现在用户的使用评价上，如果用户在一个产品中得到足够多的愉悦度，他会愿意将产品安利分享给身边的人使用。

与用户愉悦度相关联的一个指标就是NPS数值。NPS（Net Promoter Score），即净推荐值，指的是用户是否有意愿向其他人推荐产品的数值。NPS数值将产品的用户分为三类。

推荐者：得分9～10分的用户，属于产品忠诚用户，他们对产品的满意度很高，并且在合适的场景下愿意将产品推荐给他们身边的人。

被动者：得分7～8分的用户，属于对产品基本满意的客户，他们对于产品具备使用的需求，但是很少会主动向别人推荐产品，并且忠诚度不高。

贬损者：得分在6分以下的用户，属于对产品不满意的用户，他们不但不会推荐，甚至还可能会劝其他用户不要使用。

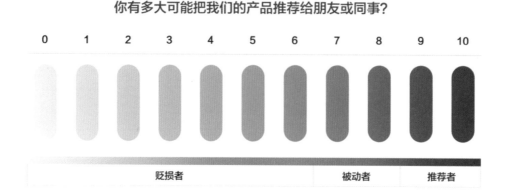

净推荐值

NPS的计算方法是统计推荐者和贬损者占比之间的差值，即：净推荐值(NPS)=(推荐者数-贬损者数)／总样本数 × 100%

一般来讲，如果产品NPS数值能够保持在50%以上，就属于相对不错的状态，当产品的NPS数值较低的时候，我们可以对用户进行调研，收集用户的反馈对产品进行分析和优化调整。

感谢参与语雀用户调研

参与 1 分钟语雀问卷调研，帮助我们优化产品，更好地为您服务。非常感谢！

* 1　你使用「**语雀**」主要是为了做什么？(单选)

　　　　○ 个人笔记、资料收集等场景

　　　　○ 公司、学校等组织内部的文档协同与知识管理

　　　　○ 以上两个场景都有

* 2　你愿意把「**语雀**」推荐给你的同事或朋友使用吗？（0 表示肯定不会推荐，10 表示肯定会推荐）

肯定不会推荐　　　　　　　　　　　　　　　　　　　　　　　　　肯定会推荐

* 3　使用「**语雀**」，你觉得很容易。对此，你的看法是？

完全不同意　　　　　　　　　　　　　完全同意

调研问卷

5.3.2　参与度（Engagement）

参与度指的是用户对产品的使用程度。例如在一定时间内，用户对产品的使用频率、使用时长等。在衡量用户参与度的时候，应结合产品类型和用户实际情况去制定衡量的标准。例如社交类产品与工具类产品对于参与度的评估标准必然会存在较大差异。"一万个用户在当天每人使用了一次"与"两千个用户在当天每人使用了五次"，最后的使用总次数虽然一样，但是参与度差距是非常大的。

很多产品为了提升用户的参与度，往往会使用虚拟用户来增强产品的活跃氛围。例如一些产品显示用户下单的滚动提示，会让人产生有非常多的用户都在下单的错觉，实际上，其中存在的真实用户可能并不多。这是因为这些产品本身其实并不具备非常多的活跃用户，但是为了减弱用户"孤独"的感受，采用此类手段营造出一种热闹的氛围留住用户。

5.3.3　接受度（Adoption）

衡量用户对于产品的接受度，为了让用户在更短的时间内使用新功能，很多产品会在App中更新通知，同时通过引导功能的设计来帮助用户了解新功能，同时在App应用商店和官网上通知新功能的发布内容。像一些B端的产品，每个月还会在公众号上发布新功能的详细操作说明与功能优化的过程，以便于让用户更好地了解新功能。

小米钱包的新功能提醒

我们在设计产品新功能的时候尤其需要注意与用户的旧操作习惯进行权衡，避免因为新功能的更新给用户带来使用层面的困扰。例如我曾经用过的一个产品，产品将新上线的活动放在了用户之前使用频繁的功能的位置上，并且将原有的功能进行了位置迁移。用户按照自己的习惯使用产品时可能会出现误操作，并且他们也不知道到哪里去找之前的功能入口，从而产生了不好的体验。

5.3.4   留存率（Retention）

留存率常被用来验证用户黏性，衡量留存率的指标有次日留存率、周留存率和月留存率等指标。产品的留存率越高时，代表产品用户的黏性越高。

很多的产品会推出每日签到的功能，用户通过每天打开产品"签到"，领取一定的奖励。例如，拼多多开通月卡后，每天登录可以领取一定额度的活跃度，通过活跃度可以兑换无门槛的代金券。

拼多多－每日活跃任务

5.3.5   任务完成率（Task Success）

任务完成率指的是用户在产品中完成任务所用的时间，与其相关的指标是任务完成率与任务出错率、任务完成时间等指标。

我们在设计功能的时候需要尽可能多地考虑用户使用产品的场景，给予用户更贴心的设计。同样是使用共享单车产品，从产品本身体验的角度来看，A和B产品同样是可以通过小程序进行操作，但是A产品比B产品多了一个轻触打开闪光灯的功能，能够让用户在光线昏暗的情况下更快地完成扫码开锁的任务。从任务完成的角度上讲，A产品优于B产品。

这里说句题外话，上面举例的两个共享单车产品A和B，在同样达到用户使用要求的最低标准时，影响用户选择的往往不仅仅是用户体验，还有产品月卡的价格、单车投放的数量、单车停车区的规划等。

从这个角度可以延伸出另一个观点，对于互联网产品（尤其是C端产品），影响用户的最终选择的因素有非常多，这是很多沉浸在用户体验设计学习的初学者们意识不到的，他们总是过于放大用户体验的重要性，而忽视其他的因素对于用户的影响，实际上，用户体验只是产品成功要素中的一块拼图。

5.4
利益相关者

利益相关者理论最开始由多德在二十世纪三十年代中的一场讨论中提及。1963年，利益相关者理论才被斯坦福研究院作为一个明确概念提出，意为"那些没有其支持，组织就无法生存的群体，包括股东、雇员、顾客、供应商、债权人和社区"。1984年，在弗里曼出版的《战略管理：利益相关者方法》一书出版后，利益相关者这一概念才最终被人广为熟知。在日常工作中，我们可以通过利益相关者来为项目争取到更多支持。

当我们在绘制利益相关者地图时，首先需要对那些与产品相关的人或组织进行梳理，思考在产品研发的过程中，产品会受到哪些人或组织的影响，产品又会影响到哪些人或组织等。梳理之后，我们对得到的结果进行归类。

利益相关者

利益相关者分类

类型1：对产品的影响力较大并且利益相关度高的人，对于这一类用户我们应该保持足够的重视，并经常保持沟通和交流，获取他们对产品的一些想法和意见，尽量使得他们满意从而获得他们的支持。

类型2：对产品的影响力大但是利益相关度不高的人，对于这一类的用户我们应该保持适当的沟通交流，确保他们对我们的产品满意，但是不应过多地打扰他们。

类型3：对产品的影响力较小但是与产品利益相关度高的人，对于这一类的用户，我们应该确保他们知道产品做了哪些改动和升级，并了解他们的想法，整理出有助于产品发展的部分加以运用。

类型4：对产品的影响力较小并且与产品利益相关度较低的人，我们要做的是对他们保持最基本的关注。

我们将利益相关者归类后，再按照归类出来的结果去分析每一个人（团队）是怎样与产品产生关联的、有哪些渠道和方法能够影响着他们感知产品等。这样一来，在将来产品要进行功能调整、更新时可以通过上述梳理出来的相关者类型进行相应的沟通策略，从而获得更大力度的支持。

5.5
空雨伞分析法

很多的设计师都喜欢虚构一个需求进行设计方案的产出或者对热门产品重设计（Redesign）来练习提升自己的综合能力。但很多的设计师在面对自己的设计练习作品时会陷入一种怪圈：由于一些现实场景的不同，一些人在做设计练习的过程中会受到很多条件的局限，例如你想要做一个招聘类的产品，在一个人"单独思考"的情况下，你很可能会觉得无从下手。这有点儿像手里抓着一团毛线，但是找不到线头在哪里的感觉。

我们在团队协作时，所需的分析方法要全面、严谨、反复推敲；在个人练习的时候，所需的分析方法要高效、直接、简化流程，以培养自己的分析能力为主。如果你苦恼于如果在做Redesign或者个人练习项目时没有灵感，那就来了解一下麦肯锡咨询公司提出的空雨伞分析法。

简单概况空雨伞分析法，即观察事实现象–分析内在内容–做出对应方案。

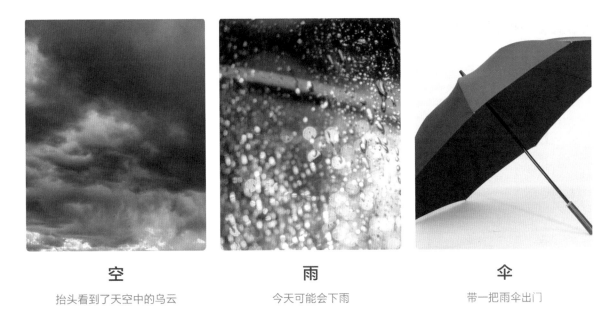

空
抬头看到了天空中的乌云

雨
今天可能会下雨

伞
带一把雨伞出门

空雨伞分析法

运用在设计上：发现痛点–思考原因–提出解决方案。空雨伞分析法因为简单、成本低、易上手，可以作为设计入门培养思考能力的一种方法，但是在使用空雨伞分析方法时需要结合一定的具体调研（或者轻量级的用户研究）相配合，不然整个推导过程又会变成一味地"拍脑门儿"式的主观臆测，从而产出一些无价值的结论。

5.6

情绪板

情绪板是在日常设计中经常用到的一种方法，具体来讲就是通过分析总结用户的需求或者产品的核心关键词，进行思维扩散，并按照思维发散得到的关键词进行图片等素材的收集、整理得出情绪板，用以推导我们在设计中要用到的色彩、字体、图形、质感、构成等元素。

情绪板分析过程

5.6.1　确定原生关键词

根据产品的战略定位、核心功能和用户需求进行原生关键词的提炼。例如简约、明快、恬静等，确立情绪板探索的大方向。

设计师雨成的作品：情绪板·设计方向

5.6.2　提炼衍生关键词

团队内部对原生关键词进行头脑风暴，从视觉映射、心理映射、物化映射三个方面发散提炼出衍生关键词。

提炼出衍生关键词三个方面

视觉映射	通过关键词联想到的视觉表现 例如：安全联想到绿色；危险联想到红色；神秘联想到黑色
心理映射	通过关键词联想到的心理表现 例如：贵重联想到精致、奢华；放松联想到舒适、慵懒
物化映射	通过关键词联想到的物化表现 例如：轻巧联想到羽毛；稳重联想到大桥；阴郁联想到深海

5.6.3　搜索关键词图片

根据提炼出的关键词和衍生词去搜索图片，设计师用来搜索图片的网站有很多，例如花瓣网、千图网等网站。

当然你也可以选择一些网上现成的情绪板素材，例如花瓣网上就有很多已经整理好的情绪板素材，可以直接参考提取图片，一些专门的图片管理工具也会有一些现成的情绪板素材包，只需要下载后拖到软件中解压即可。

5.6.4　围绕素材进行讨论

在搜索出大量图片后，我们可以对图片的结果进行梳理，这里也可以邀请团队中的其他成员以及需求方一起加入，选出我们认为比较贴合要求的图片，加入情绪板中，完成情绪板的搭建。

5.6.5　确认情绪板并探索设计策略

在确定下情绪板的内容之后，我们可以依据情绪板对产品的设计风格进行探索，例如色彩、字体、图形、质感、构成等。

探索风格

5.7

敏捷开发与用户故事

现如今很多的公司开始推行敏捷开发，用来代替之前的传统开发模式。敏捷开发提倡以用户需求的变化为核心，采用迭代、逐步推进的方法进行软件开发。敏捷开发强调四个价值观。

第一，个体与交互胜于流程与工具。

第二，可工作的软件胜于面面俱到的文档。

第三，客户协作胜于合同谈判。

第四，响应变化胜于遵循计划。

对这四大价值观进行一下扩展：敏捷开发强调团队成员之间的紧密协作，提倡面对面交流沟通以缩减不必要的流程，并提倡缩减一些不必要的文档内容，仅留下包括系统运行原理、架构等内容的核心文档，其余的都用可工作的软件代替。敏捷开发强调与客户一起沟通合作，尽早发现问题并及时处理，同时提倡在开发的过程中要做到灵活响应，能够随着情况的变化及时进行调整。

在敏捷开发的过程中，用户故事是用来描述需求的一种方式。用户故事由三个元素组成：角色、活动、价值。作为某角色，我想要进行某活动，来实现什么样的价值。

用户故事的元素

角色	使用这个功能的人
活动	进行什么样的活动
价值	达到什么样的目的（价值）

用户故事有一个INVEST原则。

独立的（Independent）

每个用户故事都应该是独立的：如果多个用户故事彼此之间产生了关联，就会间接地影响到它们自身的优先级，继而影响开发的排期和工作量估算。在开发过程中，如果两个用户故事之间产生了关联，可以用以下三种方式解决。

第一，将这两个用户故事合并为一个，对合并后的故事重新进行优先级评定。

第二，用另一种方式对这两个故事所包含的内容进行分割。

第三，在不能避免这两个故事产生关联的情况下，对它们的优先级进行适当调整。

可协商的（Negotiable）

很多人喜欢在描写用户故事时加入自己思考过的解决方案，但是用户故事的细节应该等到开发阶段跟程序员、用户共同商量。对用户故事进行详细描述会给人一种"已经非常明确了，不必再进行讨论"的错觉。

有价值的（Valuable）

用户故事必须对客户具备一定的价值，一个用户故事最好的编写者就是客户自己，并且当客户意识到这个故事是由他自己填写并且可进行协商的时候，他也会非常乐于参与。

可评估的（Estimable）

对于用户故事我们要进行评估，确定用户故事的优先级和工作量。在评估的过程中，如果因为对相关知识的缺乏导致无法估计工作量，就要与团队中的其他成员加强沟通，如果评估后的工作量过大，那么可以考虑将用户故事进行再一步拆分，以便于更好的安排工作计划。

小的（Small）

用户故事要写的小一点，但不是越小越好，至少在一个迭代中能完成，越庞大的用户故事在安排、执行的过程中，出现变动的概率会越大。

可测试的（Testable）

我们需要在用户故事中添加测试标准，确保我们可以对产出结果进行验收。如果一个用户故事没有测试标准，我们就无法评判这个用户故事什么时候才算彻底完成。

CHAPTER

06

游戏化设计：为产品增加趣味性

6.1
什么是游戏化设计UI设计

所谓的游戏化设计，就是在产品中加入一定的游戏机制和游戏元素，使之与产品的某些功能巧妙结合，从而提高用户使用产品时的愉悦度。在竞争日益激烈的大环境下，越来越多的企业开始通过游戏化设计的方式提高产品的用户黏性和用户之间的互动频率，以获得更高的用户评价。

在谈及游戏化的知识之前，我们可以先了解两个概念。

6.1.1 心流模式

你是否有过这样的经历：以前在学校上课的时候，一节四十分钟的课让你感觉度日如年；在放寒暑假的时候，又感觉时间过得好快，一眨眼四十多天的假期就过去了，这就是心流模式在生活中的一种体现。

上课与假期的时间感受不同

心流模式由米哈里·契克森米哈赖提出，指的是人们在专注进行某行为时所表现的心理状态，人们在心流产生时会有高度的兴奋及充实感。引发心流模式的事情可能会具备以下几个特征。

1.我们内心比较倾向从事的事情。

2.我们愿意专注去做的事情。

3.目标清晰且反馈迅速的事情。

4.在做这件事情的时候我们有主控感。

5.在做这件事情的时候我们的烦恼消失。

6.在做这件事情的时候我们对时间流逝的概念发生了改变。

7.这件事情本身对我们有一定的挑战性，并且我们可以通过练习来提高通过这件事的概率。

例如像红色警戒这样的即时战略类游戏，玩家在开局时只有一个基地车与固定的资金。在玩游戏的时候，我们会全身心地投入进去，专注地做这件事情。在游戏中的每一步我们都有清晰的目标，并在每一个指示下达后游戏都会出现相应的反馈提醒（建筑物通过视觉提示玩家进行拖曳放置）。玩家在进入游戏后，启动基地车、建造矿场、派出挖矿车进行挖矿、建造武器工厂（兵营）、探索未知地图、修建防御工事、集结兵力进行攻击，在这种模式下玩家很容易陷入心流状态中，从而忽略时间的变化。

6.1.2　拉扎罗：四种关键游戏趣味元素

拉扎罗：四种关键游戏趣味元素

1.简单趣味

当玩家对一种新的体验感到好奇时，他会被带入这种体验中并且对此产生热爱。最常见的就是小时候的玩具，尽管在玩玩具的过程中没有积分和点数，但是我们还是因为单纯的喜欢而对它们乐此不疲。

2.困难趣味

玩家通过跨越游戏中的重重障碍，发展出新的战略和技能来实现游戏所指定的目标，而这些目标也是被一个一个分解后可达成的。比较典型的例子就是三国群英传系列游戏，玩家选择自己的阵营后开启游戏，通过内政、行军、战斗等方式去打击敌对势力的城池，取得最终胜利。

简单趣味

3.他人趣味

和朋友一起玩游戏时，产生的乐趣会更加强烈。在与朋友一起参与游戏的过程中，会同时存在竞争、合作、沟通和领导等情况，而通过他人趣味得到的愉悦度要比其他几类更多。但我认为，通过他人趣味在最终获胜时得到的愉悦度取决于你在这个游戏过程中的参与度。例如在英雄联盟等游戏中，五个人一起进行团队协作，哪怕你的表现并不出色，在取得胜利后愉悦度仍然会非常高，而在像和平精英这一类的游戏中，如果你在游戏中"落地成盒"，全程看着队友通过操作获得胜利，获得的愉悦度则会有所下降，这种现象出现的原因大概有两个：第一，参与度不高；第二，游戏机制的原因。例如英雄联盟中最终取得胜利全员加分、和平精英按照玩家的个人排名来决定扣分，不受组队影响。

4.严肃趣味

严肃趣味指的是能为玩家创造价值、带来积极心理而带来的趣味。例如很多人都在玩的一款游戏《我的世界》，玩家可以通过各种方式去搭建属于自己的世界。他们在这款游戏里发现了各种各样的乐趣，例如搭建自己的房屋、城堡。甚至在游戏中搭建很多电影、电视剧中的名场面。在这种创造的过程中，玩家通过操作不断地丰富自己的世界，看着游戏中的世界按照自己的"想法"一步步被搭建出来，从中得到乐趣。

6.2

如何更好地进行游戏化设计UI设计

结合平时游戏化设计中的体验和案例，作者总结出了一些需要注意的要点，我们可以结合下面的内容，对产品游戏化设计的方向进行思考。

6.2.1 设计过程中的"平衡"

1.机制、角色、道具的平衡性

站在游戏化设计者的角度来看，我们在设计产品模式内的机制、角色、道具的时候需要进行反复对比权衡。避免设计出来的东西让玩家感觉到一种"这如果不进行削弱还怎么玩？"的不友好感受。

例如PVP类的游戏，一旦让玩家感受到某个角色过于强大的时候，玩家会争先恐后地选择这个"角色"，选不到强力角色的玩家被全程蹂躏，导致游戏体验差。选择了这个角色的玩家也未必会开心，因为他们心中有自己真正想选择的角色，但是为了取得更好的体验，最终会被迫选择了这一角色。

更典型的案例就是早年间，一些玩家会针对PVP游戏内的角色开发出一系列黑科技打法，例如为物理系攻击的角色购买法术装备，从而使该角色的一些技能得到了史诗级别的加强，变成游戏中非常OP（注：OP，即Over Power，指强大到足以打破平衡）的存在。

面对这种情况，游戏策划方就需要对已上线的角色进行适当的调整，确保游戏玩家能够在一个相对公平的环境下进行游戏。一般来讲，对于这种调整，玩家也会比较容易接受。但是像在一些桌游卡牌类的游戏中，游戏角色的强度只取决于技能，在这种情况下如果对英雄进行技能的调整，很可能导致可玩性大幅度下降，引起玩家不满。

这一点是非常重要的：在产品游戏机制设计的过程中要注重机制的公平性，不要给用户一种不公平的感觉。也不要"单线程"地思考用户的行为，用户的想法才是具备"突破性"的，一旦让他们寻找到机制中的漏洞，那就会涉及产品上线后再对规则进行修改，这样做很容易引起用户的反感情绪。

2.任务难度的平衡性

在单人游戏中，玩家会在任务失败后激起自己对于游戏的积极性，在经历几次失败后玩家成功通关会获得更大的满足感，获得很好的用户体验（这个时候玩家开心地点击开启下一关，游戏卡死，用户体验直接归零）。

单人游戏中，给我留下深刻印象的例子就是早期侠盗系列游戏中的A点飞机任务，其实这个任务本身并不难（尤其是相对于后面的电影厂滑翔机任务），只不过早年网上的游戏攻略非常稀缺，玩家面对着英文版的飞机教学一筹莫展，无法自如地控制飞机，导致任务无法完成。

而在多人游戏中，玩家在独自进行任务并多次失败后，会考虑邀请别人一起组队完成游戏，这也可以看作是为了促进玩家彼此之间互动的设计。但是在一些游戏中为了让玩家付费使用游戏辅助功能，将游戏的难度无限提高。在这种情况下，玩家要么无法通关，要么就只能选择给游戏充钱。玩家不仅会感受到游戏体验非常差，还会对游戏本身产生不满。

而产品游戏化产生的乐趣其实并不能跟真正的游戏相比，当用户会因为感觉到难度而退缩。因此在产品游戏化设计的过程中，需要结合用户的实际情况调整任务的难易程度，并根据情况决定是否要加入引导流程来帮助用户更好地完成任务。

3.让玩家具有选择权

这种情况常见于玩家在接受游戏任务时，多见于多个玩法的游戏。你没有办法保证用户会喜欢游戏中所有的模式，因此当玩家在每日任务中接到了与他不感兴趣的相关任务时，可以适当允许玩家通过手动刷新的方式对任务进行更换。例如在英雄杀每日任务时，如果遇到玩家不感兴趣或者很难完成的任务，则允许玩家进行刷新，更换任务。

英雄杀中的更换任务

从另一种角度来看，当玩家在组队游戏中无法选择自己想要的角色时，他们有可能会倾向于放弃这局游戏，重新开始。这种情况下队伍中其他玩家的体验度会下降。例如有玩家在选取角色的过程中退出游戏，其他玩家只能重新组队匹配，或者因为缺少人数而增加了赢得比赛的难度。因此很多游戏针对这一类的情况也会制定一系列的机制防止玩家通过重新开始一场比赛的方式更换角色。例如在和平精英的"谁是内鬼"模式下，玩家在没有选到自己想要的角色时，如果选择退出，则会遭到一定处罚。而在组队模式下，如果队友在飞机起飞前退出比赛，则其他成员也可以在跳伞前退出比赛，不会受到掉分惩罚。

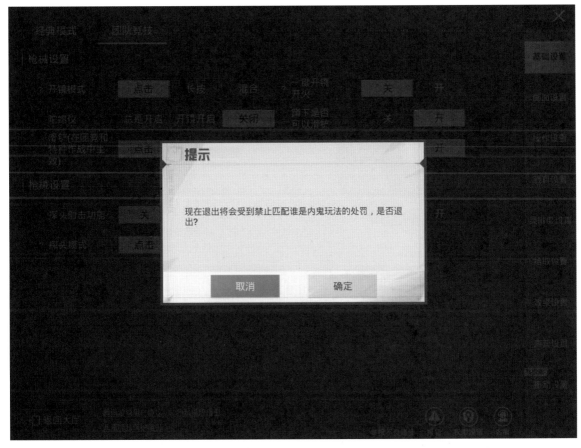

更换角色

4.商品的价值策略

在游戏中商品的定价需要保持稳定、相对公平。例如在某个游戏中可以花费一百元获得一个道具，过了一段时间后，官方突然宣布回收这个道具，获取方式由付费购买改为抽奖随机获得。玩家经过抽奖后发现实际获得道具的成本比之前实价购买还要多出上百块，这样很容易引起玩家的反感。同样，在玩家购买之后，游戏发起降价活动也会产生同样的效果。

尤其是在用户体量比较大的产品中，同样的商品，我花费了1000元之后感觉非常不错，主动推荐给朋友。然后他告诉我，他之前买的时候只花费了750元。这个时候我的心情可能就会有点变差。因此，维护产品相对稳定的价格，不要让用户产生"买了可能会亏到"的感觉是十分必要的。

时至今日，用户对于产品的价格敏感度是非常高的，因此很多产品针对这一点都设计出了相应的价格策略。以网购类的产品为例，现在很多的网购用户除了购买日常必需品之外，会将相对贵重的物品放在双十一这样的电商节来下单，但是商品的价格时刻也在变动，用户会担心现在不买，过一会儿会涨价，又担心现在下单了一会儿会更便宜。在这种情况下，保价功能的存在让用户在有价格变动的情况下也可以放心下单。

京东的保价功能

严格来讲，其实定价策略并不属于产品游戏化设计的范畴。但是在去年我思考这篇文章的时候，去找了一些专门吐槽烂游戏的分析。看完之后我觉得游戏化中的一些槽点，可以跟现实产品进行结合，这些内容虽然不属于游戏化设计的范畴，但是同样能够在我们进行产品设计的过程中给来一些警示和启发。

6.2.2 通过叙事的方法让玩家"身临其境"

1.为游戏构造背景故事

大部分游戏在最开始的时候都会给用户描述一个背景故事，给用户营造出身临其境的感觉，并将自己代入进去。比较出色的就是英雄联盟为游戏设计出了符文之地、艾欧尼亚、德玛西亚系列的背景故事，并为每一个英雄角色设计了专属于他们的故事，不同的英雄之间也会存在着联动或者彩蛋等，通过故事的讲述为每个英雄的身上都附加了一层"额外的价值"。

除了创造故事之外，也可以从历史的角度为游戏赋予价值。最典型的例子就是三国系列游戏的改动。玩家在操控蜀汉五虎将行军攻城的感觉，要胜于操控一些张三李四等虚拟人物的感觉。这也是历史故事赋予人物的价值。

2.蓝月职场生存测试

蓝月职场生存测试是脉脉App中的一个职场测试功能，让用户通过出演微电影中的角色来参与其中。可以选择扮演CEO或者研发总监，在面对各种突发事件时进行自己的选择，在用户进行选择之后会触发相应的剧情。在用户经历完所有的流程后，测试会根据选择生成一份分析报告。这个职场生存测试剧情设计比较精彩，演员的演技比较到位，在触发不同的选线后剧情的走向也会产生巨大的差异，很多的用户在得到自己分析结果的同时还会一次次重新开始游戏，再通过选择其他的选项去尝试触发不同的剧情和结局。

脉脉 – 蓝月职场测试

6.2.3 引导用户进行理解和认知

在产品游戏化设计的过程中，需要通过一些交互与视觉设计来引导用户对产品的功能进行理解和认知。以蚂蚁森林为例，用户在进来之后，会通过屏幕中间的"小手"图标来进行点击收取能量，在下方的操作区中，通过点击找能量自动跳转到好友的森林中对能量进行收取。用户通过操作触发反馈，再通过反馈对"游戏"本身进行理解。

蚂蚁森林

在小游戏黄金矿工里，玩家通过上、下按键操控游戏角色进行挖矿的操作。在这个过程中，玩家会通过每次挖矿操作后游戏给的反馈对游戏过程产生一系列的认知。

1.石头挖得又慢又不值钱。

2.大块的金子虽然很值钱但是挖取的过程比较慢。

3.钻石是最值钱的，挖起来也比较快。

4.挖掘过程中抓到炸药桶会引起爆炸，毁掉周围的物品。

这就是通过在游戏中点数反馈改变了用户的认知。根据这些认知，用户会制定他们的游戏策略，如下所示。

1.购买一定的炸药，在抓到石头的时候用炸药将它炸碎，节省游戏时间。

2.在游戏中优先考虑抓取最值钱的钻石。

3.购买生力药水，提高抓取速度。

4.合理对待炸药桶。（旁边有贵重物品时要避免抓到炸药桶；旁边有很多石头时，通过抓取炸药桶毁灭石头清除障碍物）

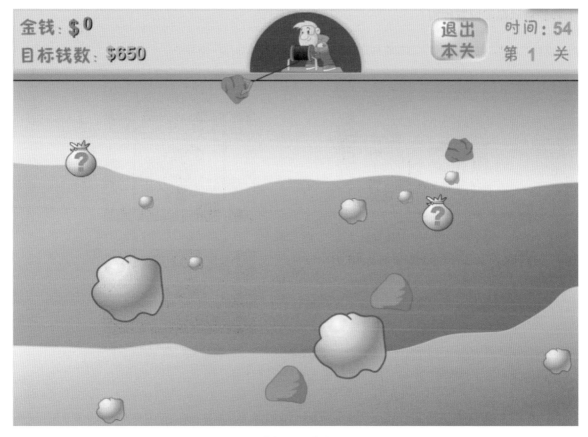

黄金矿工小游戏

6.2.4　利用社交关系进行发展

1.游戏中的师徒系统、帮会系统

从游戏角度来看，最常见的社交关系就是为玩家打造一个圈子，例如在一些游戏中会采取"帮会"功能将玩家聚集到一起，以及通过帮会任务促进玩家的活跃性，也有帮会之间的对战任务去激发玩家冲突、刺激玩家消费。游戏中也会有师徒任务，玩家彼此之间绑定师徒关系，通过师父带徒弟达到某种要求之后，师徒二人都能获得奖励，以此来增加玩家的互动频率。

2.好友助力功能

现在很多的产品都加入了邀请好友帮忙"砍价"的功能。事实上这一功能的出现使产品本身获得了非常快速的增长。在邀请好友助力的过程中，每一个邀请者都变成了产品的"推广员"。

而前不久我在为好友助力买票，抽取加速包之后，一般的产品在用户助力之后会弹出"请登录账号"的提示。而更棒的文案是："是否登录，让好友知道是您为他抢到了加速包？"这种文案叙述的方式更能让用户在心理上接受，并乐于登录账号。

3.蚂蚁森林邀请好友种树

蚂蚁森林的合种功能，用户进入蚂蚁森林选择多人共同种树，邀请好友一起加入。

蚂蚁森林

4.脉脉互动

在"有新的好友加入脉脉"或"好友的职位发生了变动"的情况下，脉脉会将这一类的状态信息更新在用户的信息流中，用户可以选择通过快捷按钮与好友产生互动，用更快捷的方式发送祝福。

脉脉中的职位变更互动

6.2.5　了解用户在游戏过程中的情绪

玩家在玩游戏的过程中会产生情绪，这些情绪也决定着玩家在游戏中的表现。

1.竞争感

每个玩家在玩游戏时都具有竞争心理，他们都想成为成绩最优秀的那一个人。这就像是玩家进入一个训练场中，赛道排行榜上如果已经有了别人的记录，玩家就会产生上前挑战的想法。如果赛道排行榜不存在记录，那么这种竞争感对玩家的触动就会大大减弱。

而在现实产品中比较典型的例子除了前文中写到的排行榜的功能设计外，还体现在营销活动的朋友圈转发文案上，例如：我在某活动中获得了多少分，等你来挑战。通过这种方法可以激起玩家的兴趣以及好奇心，有效提升信息推送的转化率。

在国外曾经有过这样一个设计，英国的公益组织在街头摆放上了一个投票箱，投票箱子的顶部写着一个问题："谁是世界上最佳的球员？"投票箱的左边是罗纳尔多，右边是梅西，路过的人可以使用烟头投票。人们为了支持自己喜爱的球员，会自行寻找在地上的烟头，将烟头投到"投票箱"中。这样一来，他们在支持球员的同时也美化了街道环境。

投票箱

在淘宝2019年的盖楼大挑战活动，用户点击"盖楼赢红包"进入到活动页面，并进行招募队友操作。队伍中的用户每天通过登录"盖楼大挑战"来使自己的等级生效，同时可以通过"邀请好友助力"的方式请求好友协助进行盖楼，好友的等级也会被算到你的队伍总等级中。在每晚10点的时候，通过比拼各自队伍总等级数来决定最终的胜负。

盖楼大挑战

2.通过不断进步获得满足感

玩家在游戏中遇到挫折时，反而会被激发更强的好胜心。在经历几次失败后玩家成功通关（打破纪录后）会更珍惜他所达到的成绩，获得更大的满足感。不过要达到这一点的前提是，用户要经过努力来提升自己的成绩，例如之前比较火的游戏合成大西瓜，玩家通过调整水果的摆放位置合成不同水果。跑酷类的游戏中，玩家可以通过每一局游戏中获得的人物经验，提升人物等级，获得更高的加分倍数，以此来提升自己的成绩。

与这一情绪相对应的是排行榜。通过排行榜可以让用户明确自己的成绩水平，同时激发出用户向上冲击的动力。例如微信的运动步数排行榜、微信读书答题段位排行榜等。

微信运动步数、微信读书答题

很多游戏会限制刚注册的新用户去查看排行榜，只有在玩家达到一定的等级后才开放排行榜查看的权限，个人认为这样做是为了避免新用户看到排行榜的数据后，产生难以跨越的感觉，从而放弃游戏。另一些产品为了避免数据差异的悬殊导致用户的积极性被打击，他们会选择以用户自身为排行榜中心，只展示排名在用户前后一定数量的玩家，例如玩家余生的世界排名为第147位，则排行榜上会显示从第142名至152名玩家的信息。

关于进步感，还有一个典型的案例就是"百度知道"。在我还是一个初中生的时候，最大的乐趣就是打开"百度知道"。当时百度知道的规则是这样的：提问者提出一个问题，很多用户在下面进行回答，最终由提问者选择一个他最满意的答案，此答案的回答者可获得积分奖励。如果提问者迫切需要他人的帮助又或者这个问题非常冷门，提问者会提升问题的悬赏积分来吸引他人前来回答。

除此之外，通过不断回答别人的问题获得的"经验值"，能够提升自己在百度知道的等级和形象。

百度知道称号

等级	白领系列	魔法系列	科举系列	武将系列	江湖系列	军衔系列	复古系列
1	实习生	魔法学徒	书童	兵卒	初学弟子	新兵	贫民
2	试用期	见习魔法师	书生	门吏	中级弟子	列兵	侍童
3	职场新人	初级魔法师	秀才	武卒	高级弟子	下士	侍从
4	助理	中级魔法师	举人	伍长	初入江湖	中士	高级侍从
5	见习主管	高级魔法师	解元	什长	小有名气	上士	见习骑士
6	主管	大魔法师	贡士	队率	名动一方	准尉	步兵骑士
7	初级经理	下位魔导士	会元	屯长	江湖少侠	少尉	骑兵骑士
8	中级经理	中位魔导士	同进士出身	军侯	江湖大侠	中尉	圣殿骑士
9	高级经理	上位魔导士	进士出身	军司马	江湖豪侠	上尉	从男爵
10	部门总监	大魔导士	探花	都尉	一派堂主	大尉	男爵
11	区域总监	下位魔导师	榜眼	校尉	一派护法	少校	子爵
12	部门总裁	中位魔导师	状元	中郎将	一派掌门	中校	伯爵
13	区域总裁	上位魔导师	编修	裨将军	武林盟主	上校	侯爵
14	副总裁	大魔导师	府丞	偏将军	一代宗师	大校	公爵
15	首席运营官	护国法师	翰林学士	卫将军	超凡入圣	准将	大公
16	首席执行官	法神	御史中丞	车骑将军	天人合一	少将	亲王
17	副董事长	法圣	詹事	骠骑将军	返璞归真	中将	国王
18	董事长	魔神	侍郎	大将军	笑傲江湖	上将	皇帝
19	商界领袖	魔圣	大学士	大司马	独孤求败	大将	贤者
20	商界楷模	魔界至尊	文曲星	天下兵马大都督	天外飞仙	元帅	圣人

为了早日达到更高的等级、获得更好看的人物形象，更高大上的称号、形象变成了驱动用户前进的推动力。

日常的产品也会围绕用户的这一心理进行设计，例如脉脉的个人中心，用户可以看到自己每周的曝光量以及曝光量所对应的水平，并且通过一定的功能指引，引导用户完善相关资料，达到更高的完成度。

3.成就感

在 QQ 的升级机制中，用户每天在线一定的时长即可获得成长值，通过这些成长值来决定用户的等级（星星、月亮和太阳等）。在这种机制下，拥有比别人更高的等级变成了一件很有成就感的事情。在移动端还没有普及的年代，我身边的一些朋友经常会去找别人帮忙登录 QQ 软件，只为了获得当天的成长点数，达到比别人更高的等级。

脉脉资料完善

QQ 账号成长

另一个与成就感相关的典型例子就是支付宝的蚂蚁森林。支付宝在2016年8月推出了蚂蚁森林功能，当用户产生低碳行为的时候，界面会产生绿色能量。收集到足够的能量就可以兑换一棵真实的树苗栽种在沙漠中，并颁发用户证书。用户在参与植树的过程中就会自然而然地产生一种自己在为环境保护做贡献的成就感。

支付宝蚂蚁森林

在淘宝推出的公益宝贝计划中，用户在购买商品的页面可以看到自己购买这个商品后会有多少钱被用于进行公益计划，在淘宝"阿里巴巴公益"的专题下，还可以通过爱心足迹查看自己每一笔订单产生的公益金被用于哪个爱心项目。

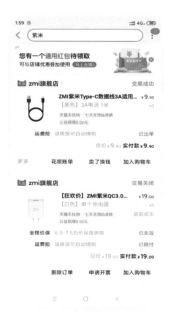
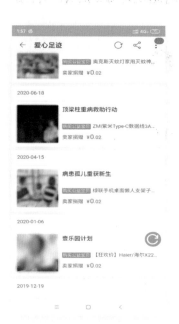

阿里巴巴公益宝贝

CHAPTER 06　游戏化设计：为产品增加趣味性　**193**

同时，在产品运营的过程中，也可以运用这一点来拉近与用户的距离。例如，设计师在站酷发布优秀的作品，获得站酷推荐（加Z）后，站酷会为获得推荐的设计师提供独特的标识，并为这些设计师发送一枚"站酷推荐设计师徽章"。

站酷推荐设计师徽章

4.随机的不确定感

我以前经常玩一款武侠类网页小游戏，在里面打野的时候会遇见由作者本人"友情出演"的BOSS，在击败这个BOSS的同时会获得巨额的经验，在击败他二十次后能获得游戏中的隐藏奖励。这种BOSS随机出现的机制，给玩家刷野怪增加了一定的趣味性。

而在现实生活中，支付随机减免、支付随机免单也是不确定性的一种运用。而在早期互联网竞品激烈厮杀的一些补贴大战中，最开始的方式是互相比拼优惠力度，一方宣布每单补贴10元，另一方每单就补贴11元，通过这样互相压价的方式去争夺用户。而到了后期，随机减免金额、抽取礼物就成了更合适的、更能控制成本的优先选择。

随机补贴金额

微博升级抽奖

5.损失厌恶

之前听到过一个故事，一群人参加拍卖一百个金币，每个人以十个金币为基础往上加价。出钱最高的人付出他的报价金额并且得到一百金币，但同时出价排位第二的人也要付出他报价的金币数。随着喊价的提升，当最高价格上升到九十个金币时，报价第二的人为了不亏损自己的金币，只能报出一百金币的价格。而在此时，之前报价九十金币的人为了不让自己的报价损失，只能报出比一号更高的价格，然后这场多方的拍卖最终变成了第一名和第二名的博弈。

一些游戏中会开启限时冲榜的活动，例如为期三天的宝箱活动，玩家可以花费十个游戏币开启一个宝箱，三天结束后按照开启宝箱的数量排名发放稀有道具。

开箱数量第一名：极品红色装备。

开箱数量第二、三名：极品橙色装备。

开箱数量第四名到第十名：高级橙色装备。

开箱数量第十一名到第二十名：高级紫色装备

在这种情况下，玩家的前期投入越高，就越不会轻易放弃。并且他们投入越高，越怕被人最终翻盘。之前玩过的一款游戏，活动结算时间是晚上十二点整。很多的玩家都会在十一点五十八分后开始突击"刷分"，很多时间在活动结束前两分钟内消耗的游戏币占了整个活动游戏币的大部分。当然还有另一种情况，就是在活动结束前半小时的时候，排名第一的玩家将自己的排行榜积分冲到一个非常高的点，形成落差，这个时候反而第二名以下的玩家都不想再付出巨大的成本与他竞争了。

将心理学运用到产品，主要体现在赠送类的产品推广活动中。将用户获得奖品的步骤进行拆分：前两步相对简单，用户比较容易达成，在完成前两步之后，兑换奖品的最后一步改为与其他用户进行积分比拼，通过邀请好友助力的方式为自己增加分数（类似于盖楼大挑战）。同时，系统会为用户匹配积分值相差不多的用户，避免因匹配积分相差较大出现用户放弃的情况。用户为了不让自己之前的努力浪费，会积极地邀请其他用户参与此活动。

CHAPTER

07

产品增长设计：如何让产品动起来

7.1
数据埋点

数据埋点是很多互联网公司都在使用的一种数据采集方式。数据埋点的作用在于可以根据我们的实际需要，收集产品中相关的信息进行数据分析，帮助我们理解当前产品的状态、制定下一步的产品策略。

举个例子，一款产品在运营了一段时间后，推出了付费会员的功能。但是在功能上线第一天，付费效果却十分不理想。在这种情况下，如果产品进行了埋点，那么就可以通过分析数据来判断是哪个环节出现了问题。例如100％的用户都收到了推送，有90％的用户进入了会员功能介绍页，有70％的用户点击了前往购买的按钮，但是只有15％的用户完成了购买，这就说明产品在购买的流程中可能出现了问题。快速明确问题后，团队就可以在短时间内发起对购买流程优化的任务。

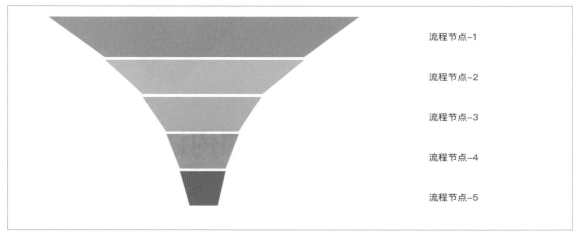

数据埋点

数据埋点的主要方式分为三类：代码埋点、可视化埋点和无埋点。

代码埋点

代码埋点指的是由技术人员对产品中的相应控件加入代码，当用户触发相应的行为，例如点击了某个按钮时，数据会上报。代码埋点的优点是直接通过代码部署埋点方案，埋点的自由度比较高，缺点是埋点的工作需要由专业人员进行代码编写，工作量比较大。

可视化埋点

可视化埋点指的是由运营人员采用可视化的交互手段来配置选择想要监测的内容，可视化埋点的优点是设置埋点方案的难度较小，缺点是可视化埋点的自由度没有代码埋点高。

无埋点

开发人员集成采集SDK后，通过SDK捕捉和监测用户在应用里的所有行为不需要添加额外代码。无埋点的优势是设置埋点方案的难度小，并且可以无须配置就看到能够收集到的所有数据，缺点同可视化埋点一样，自由度不及代码埋点高。

常见的数据分析工具有友盟、Growing IO、神策数据、诸葛IO、TalkingData等产品。

7.2
常见的运营数据指标

独立访客数（UV）

独立访客（Unique Visitor），缩写为UV，每个独立的IP都会被视为一个独立的访客，在统计产品UV指标时，一天内无论同一个IP进入多少次，都将被视为一个UV，不进行累加计算。

页面浏览量（PV）

页面浏览量（Page View），缩写为PV，是用来衡量网站流量的重要指标。一个用户每次点击进来都算作一个浏览量，如果用户对同一个页面进行多次访问，PV数值也会累计增加。

日活跃用户数（DAU）

日活跃用户数（Daily Active User），缩写为DAU，指的是一日之内登录或者使用产品的用户数。

周活跃用户数（WAU）

周活跃用户数（Weekly Active User），缩写为WAU，指的是在一周之内登录或使用产品的用户数。

月活跃用户数（MAU）

月活跃用户数（Month Active User），缩写为MAU，指的是一个月之内登录或者使用产品的用户数。

对于活跃用户数的统计还需要进一步地分析，例如活跃用户比例是什么情况（活跃用户中有多少是新用户，多少是老用户，多少是已经流失后又回归的用户），通过拆分这些内容能够帮助你对产品的状况有进一步地认知。

日新增用户数（DNU）

日新增用户数（Daily New User），缩写为DNU，指的是每日新增的用户数。

例如微信公众平台的日新增用户指标，公众号运营者可以通过当天日新增的关注数判断运营方式是否需要改变。如果日新增用户一直维持在一个较低的数值，那么可能需要运营者考虑是否要更换推送策略；如果有一天新增用户量突然暴增，则要去分析那天推送了什么样的内容、推送时间和推送策略等，总结出适合自身增长的运营策略。

用户留存率

用户留存率：当日新增（注册）用户，在一段时间之后再登录的用户与当日新增用户的比例。

次日留存率：第一日新增用户在第二天依旧登录的用户数除以第一日新增用户总数。

第七日留存率：第一日新增用户在第七天依旧登录的用户数除以第一日新增用户总数。

第三十日留存率：第一日新增用户在第三十天依旧登录的用户数除以第一日新增用户总数。

在这里还要提要"40-20-10原则"，即如果想让一款游戏的DAU超过一百万，那应该将次日留存率保持在40%以上，周留存率保持在20%以上，月留存率保持在10%以上。

转化率

转化率指在统计周期内，用户完成转化行为的次数占用户总点击次数的比例。例如有一万名用户点击进入产品注册页，其中八千人完成了注册。

人均使用时长分析

人均使用时长为总使用时长除以使用人数。在这里使用时长的计算仅仅计算用户在前台使用产品的时间。（产品在后台运行的时间不计算在内）

付费率

付费率指付费用户占所有用户的比例，即付款人数除以总人数。

人均付费

人均付费为用户付费总数除以用户数。

付费用户人均付费

付费用户人均付费为用户付费总数除以付费用户数。

用户生命周期价值

用户生命周期价值指的是一个用户从注册产品账号到离开产品这段时间内的付费情况。

7.3
增长黑客模型

增长黑客的概念最早起源于美国互联网行业，由肖恩·埃利斯（Sean Ellis）提出。早年间的互联网行业中有一部分的公司都在盲目跟风，看到互联网+这个概念很热门，就想要跟风做一下，也有的公司只是出来做概念。这两种公司大多为互联网初创公司，他们很少关注产品增长，讲得最多是如何在短期内拿到更多的投资，获得更多的收益。

在资本投资的冷静期，很多不成熟的公司开始被淘汰，市场上剩余的互联网公司基本都具备了自己的生存之道，但是同行之间的竞争也更加激烈。举个例子，A和B是做同一方向的在线教育平台，它们的目标用户高度相似，如果用户在A平台形成了付费习惯，那么在B平台就很难再付费。因此它们都需要从市场上获取更多的目标用户以及将自己产品中已有的用户群体维护得更好。因此，很多公司开始看重增长黑客这一概念。

说到增长黑客，必须要提到的一个知识点就是海盗模型（AARRR模型）。

海盗模型将增长分为五个阶段：获取、激活、留存、变现、传播。通过递进式的引导，实现持续的增长闭环。

海盗模型要素

Acquisition	获取	获取新用户
Activation	激活	将新用户转化为活跃用户
Retention	留存	提高用户留存率
Revenue	变现	获取收益
Refer	传播	进一步推广传播，获取新用户

7.3.1 获取用户（Acquisition）

获取指的是获取新用户，也就是我们平常说的拉新。拉新的过程在我们看来似乎是海盗模型中最简单的一步。大到互联网产品分享有礼，小到有人在路边拿着二维码让路人扫码安装，都可以看作是产品为了获取用户而执行的一个行为。

获取用户是海盗模型中的第一步，听起来似乎不太困难，但是大多数的产品基本都止步于此了。很多产品被拖垮的原因就是新用户的获取成本太高。而在拉新的过程中，有几个比较重要的指标需要被重点关注。

获取新用户

1.新增用户趋势

新增用户是一个折线起伏的过程，主要是以日或者小时为基础单位，观察用户上涨的趋势，以便于衡量产品的推广效果，及时调整产品的推广策略。

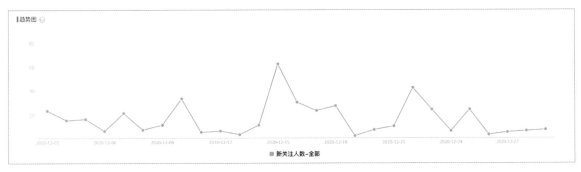

微信公众号的新关注人数趋势

2.用户留存率

用户留存率可以看作新增用户指标的跟进。

3.用户成本（ROI）

这一对指标比较有趣（同时也比较重要），我在2018年夏天的时候遇到了一个推广产品的人，他的产品推广方式为：扫码下载一个15兆的App，可以去旁边的饮品店用1元买到一个4元的冰激凌。从吸引用户的角度来看，这种推广方式是十分有效的，而且为了获取新用户付出的成本也不是很高，但是这个产品没过三个月就"死掉"了，而像一些动辄对新用户补助几千万且用户体量庞大的产品却依旧发展很好。

出现这种情况的原因是很多大型的互联网公司获客成本虽然很高，但是产品补助的目的大多是帮助用户真正体验产品的服务，补助的金额大部分都用在了目标用户身上。其次，这些产品在占据市场地位之后还能获取更长远的收益。因此，他们可以相对大胆地使用较高的成本获取用户，并且在长期亏损的情况下依旧被资本市场看好。例如之前玩的抢车位游戏，就算开局只有一辆二手奥拓，只要有稳定的回报，你可以慢慢盈利直到获取布加迪威龙。反之，如果用户的ROI状态极低，就算开局是四辆超级跑车也注定会被干掉。

4.Hotmail的增长案例

Hotmail是最早的网页版电子邮箱，由杰克·史密斯（Jack Smith）和印度企业家沙比尔·巴蒂亚（Sabeer Bhatia）在1995年建立，并于1996年7月4日开始商业运作。当时在国外最常见的宣传方式是投放公路广告牌和电台广播，而他们则另辟蹊径，从用户实际使用场景入手，在用户发送出去的每一封邮件末尾加上了："P.S.: I love you, get your free Email at Hotmail"（附言:我爱你，请在 Hotmail获取免费电子邮件）凭借着这一推广策略，Hotmail的注册用户迎来了飞速增长，直到1997年底这款产品被微软收购时，用户数已经从刚开始时的不足十万人，突破到了一千万用户。

7.3.2 激活（Activation）

在获取到新用户之后，我们下一步要做的就是"激活"用户。在产品通过推广手段获取到的新用户中，有相当多的一部分用户不是主动去下载产品的，而是通过朋友之间的相互安利、应用商店的推荐、产品安装过程中的"推荐应用"等方式了解和下载产品。通过这些推广方式获取到的用户激活率不会很高，甚至会有些很高的流失率。主要因为安装这个产品并不是用户的需求，用户最多会打开看一眼，然后就会弃用或卸载。

就像上文中讲到的例子，我花了半分钟下载一个App，仅仅是为了低价拿到一个冰激凌，当我的主要目的跟产品本身完全没有关联时，我根本不会关心这个产品是什么，下载注册对我来说就是完成一个任务，完成任务之后，这个App就失去了意义。通过这种推广方式获取到的用户往往只是增加了一个"新注册用户"，并没有真正被"激活"，所以这种做法对产品的实际增长并没有太大帮助。

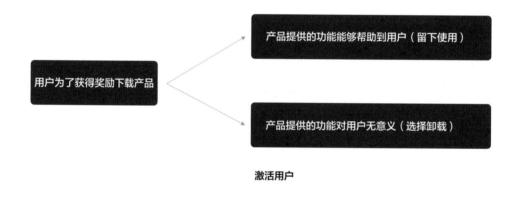

激活用户

这点提醒我们，在推广的过程中，需要选择一个适合产品的用户渠道，例如在大学城附近推广类似社交交友、考研学习之类的App，用户在下载之后也许就会去尝试使用。但是如果推荐给他们的是与他们生活场景较远的产品，则收效甚微。

对于很多小公司开发出的产品来说，重要的因素是产品能否在短时间内吸引住用户，这要看产品的视觉水平、功能设计、用户使用的流畅度等因素。而对新用户进行"激活"，比较常见的做法就是提供给用户最初的引导以及简化功能路径，降低新用户的使用难度。商业类的产品则是通过发放一些优惠卡券引导用户在平台进行第一笔消费，从而获取用户对产品较好的使用印象。例如电商产品的新人大礼包；美团、饿了么对新用户首笔消费大额减免的活动等。在用户的"激活"阶段，可以采用上面讲到的"数据分析漏斗"分析用户的激活流程，具体判断流程中哪些环节存在问题，进而优化和解决。

新用户福利

7.3.3 留存（Retention）

当用户被激活后，如何提升用户的留存率变成了我们下一步要做的事情。一般来讲，就算是对于产品中那些偏活跃的用户，如果我们不用适当的方法加以留存，会有一部分的用户在一周之内流失，所以针对新用户如何有效提升留存率是非常关键的事情。同时，留存率也是支撑产品竞争力的重要因素之一，当用户获取成本相差不大的情况下，留存率高的产品会更有竞争力。

首先，影响用户留存率的第一点是用户获取的方式。在这一点上大部分的产品都要学会淡化"用户新增数量"的重要程序。如果只是一味地追求用户增长的数量，大概率会导致用户留存率的下降，因为你的产品对于大多数的新增用户而言并无使用价值，连激活都做不到，更不必说留存。

然后我们通过AB测试对功能进行验证，进行对比数据分析，观察不同功能带给用户相关数据的变化，选择出效果更好的设计方案。有的产品则由于产品自身定位的原因，用户的使用频率本身就不是很高，可能会导致用户的留存率非常低，这个时候就需要一些可以让用户感兴趣的、日常也会使用的"高频率"功能带动产品本身的活跃度和留存率。例如越来越多的职场类产品现在都加入了"职言""资讯"等功能，促进用户活跃。

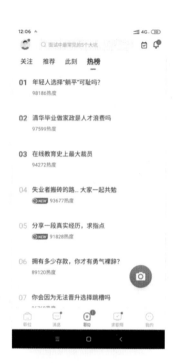

智联招聘

并且在当下互联网同行业产品竞争激烈的情况下，如何在众多App中脱颖而出，成为非常困难的事。有的产品往往在不被使用的时候，不会被想起来，使用的频率恰当在用户面前制造存在感也可以是提升用户留存率的一个办法。例如使用短信、邮件和手机顶部的推送等，都可以适当"唤醒"一部分已经沉寂的用户。

邮件推送

7.3.4　变现（Revenue）

获取收入是运营中最核心的一个版块，对于公司而言，如果一款产品具备一定的盈利能力是非常重要的。

产品的盈利模式主要分为：付费应用、应用内付费、广告收费和佣金分成等方式。

对于现在市面上的大部分的产品而言，付费才能使用的应用相对较少，曾经也有过一些付费应用的产品，但是它们后来都被一些功能相同的、供用户免费下载的产品给替代了。

应用内付费这种方式在游戏行业中运用比较多，早年间很多游戏并不对玩家免费开放，需要玩家购买点卡，使用点卡消耗游戏时长，而后来随着一些游戏推出的游戏免费、道具收费模式后，这一模式也成了国内大部分游戏的运营模式。付费模式在其他类型产品中的应用多为在普通功能免费的同时，需要用户付费开通一些"高级"功能，例如外卖类的App，不充值会员也可以正常下单，而充值会员获得一些会员专属的优惠券。网盘类的产品，在充值会员后可以获得更大的存储空间等。

付费会员功能

而广告收费是绝大部分互联网产品的变现策略，例如产品的闪屏页广告、App界面内植入的广告等。

还有一种方式就是佣金分成的形式，即平台从交易中分得一定的提成，例如外卖平台和打车平台，用户在下单付费之后，平台通过自己的分成公式计算后，扣除佣金的部分其余给服务的提供方。

外卖类产品

出行类产品

佣金分成

7.3.5 推荐（Refer）

推荐在AARRR模型里的定义是自传播，随着社交网络的兴起，使得产品在运营的过程中增加了一个方面，就是基于社交网络的病毒式传播，这已经成为获取用户的一个新途径。要做到用户之间自发推荐，有几个因素，要么是产品自身足够优秀，具备很好的口碑，同时也可以提供一定奖励让老用户邀请新用户方式推荐。

例如Dropbox曾经推出一个功能：用户每邀请一个好友加入Dropbox，就可以给用户和用户的好友各增加额外的250M存储空间。通过这样的推广策略，用户之间互相传播的次数大大增长，在2010年时，产品用户每月的邀请次数可以达到200W次以上，注册用户数量也从十几万突破了到了四百多万。微信读书会定期推出"翻一翻"的功能，用户可以通过分享活动链接来获取更多的翻牌次数。在Keep中，玩家完成产品中的运动任务即可以获得运动勋章，同时通过自身不断地运动进行运动勋章的升级（由初级徽章到高级徽章），在用户不断锻炼的过程中让他们感受到通过自己努力达成更高层次的成就感。很多产品的玩家在通过努力获得比较"高等级"的徽章之后，他们也会分享出去给更多人看到。

微信读书翻一翻

Keep—我的徽章

再例如在2021年春节的期间，很多人都会在朋友圈里转发一些类似于检测朋友之间默契值的小游戏。你看到了朋友在朋友圈转发的这个小游戏，怀着好奇心点进去测试了一下自己和朋友之间的默契值，在检测结果弹出的界面会有一个功能入口邀请你也去出题测试一下朋友们跟你的默契值，你在出题后将这个链接转发到了你的朋友圈和你的公众社群，这就形成了一个完美的传播循环。

春节默契大调整

CHAPTER

08

设计师如何面对B端产品设计

8.1
B端产品初了解

B端产品，即To Business产品，B端产品面向的对象是企业或组织，主要用来支撑企业的协同办公以及商业工作方面的需求，使企业达到提升效率、节省成本以及提高企业效益等目的。

初入B端设计行业的设计师经常会对B端产品名词感到困惑，先介绍与B端产品相关的一些名词。

C/S架构：客户端与服务器的架构，用户在使用产品前需要在计算机上安装产品客户端后才能使用。

B/S架构：通过浏览器与服务器进行交互，客户无须安装客户端，直接通过浏览器使用产品。

8.1.1　云计算的服务类型

云计算的相关知识对于很多设计师的工作场景而言非常远，之所以要在这里提一下，是因为很多刚接触B端设计的人，在写一些B端产品归类的时候，也会将SaaS跟ERP、OA等系统并列到一起。其实SaaS应该单独拿出来，跟IaaS、PaaS并列，它们同属于云计算的服务类型。

1.基础设施即服务（IaaS）

基础设施即服务（Infrastructure as a Service），缩写为IaaS，指的是将IT基础设施作为一种服务通过网络对外提供的模式。

2.平台即服务（PaaS）

平台即服务（Platform as a Service），缩写为PaaS，指的是将服务器平台作为一种服务提供的模式。因为PaaS交付给用户的平台服务也是以SaaS的模式提供的，所以PaaS也被人看作是SaaS模式的一种应用。

3.软件即服务（SaaS）

软件即服务（Software as a Service），缩写为SaaS，指的是将应用软件统一部署在服务器上，让客户通过定制的方式选择自己需要的应用软件服务，并通过互联网提供给客户的模式。SaaS模式一般按照客户需要的功能规格与使用时长来收取费用。

以房屋为例，IaaS为你提供了建筑所需的基本用料（砖头、水泥等），你用这些基本建材搭建自己的房子。PaaS为你提供了一间已经建造好的毛坯房，你在毛坯房的基础上按照自己的喜好风格进行装修并购置家具。SaaS为你提供了已经装修好的房子并且搭配了家具，你可以直接拎包入住。

IaaS	PaaS	SaaS
基础设施即服务	平台即服务	软件即服务

服务类型区分

8.1.2　常见的B端产品类型

B端产品的类型有很多，例如OA系统、企业IM系统、CRM系统、ERP系统、SCM系统、WMS系统、Callcenter系统等。

1.OA系统

OA系统（Office Automation），即办公自动化。是通过互联网技术来替代之前传统的办公流程，达到提升工作效率和信息快速处理目的的一种新型办公方式。

OA系统中常见的功能有：企业公告、个人工作台、流程管理（公司公告的发布、个人考勤记录的查询、工作日程的安排、会议室预约申请还有各种流程的发起、审批）等。通过OA系统可以更好地提升公司的管理水平和流程审批的效率。

2.企业IM系统

企业IM系统（IM，即Instant Messenger），即时通信，主要运用于企业员工内部通信、文件传输、会议交流等场景。相对于个人即时通信软件而言，企业IM系统更注重安全性与稳定性，比较典型的IM系统有RTX（腾讯通）和钉钉等产品。

一般来讲比较成熟的公司基本都在使用专业的企业IM软件进行沟通，而一些大公司出于对数据信息安全和办公职能契合度的考虑，会选择内部研发IM软件。

3.CRM系统

CRM（Customer Relationship Manangment），即客户关系管理系统。客户关系管理是指企业为提高核心竞争力，利用相应的信息技术以及互联网技术协调企业与顾客间在销售、营销和服务上的交互，从而提升其管理方式，向客户提供创新式的个性化的客户交互和服务的过程。其最终目标是吸引新客户、保留老客户以及将已有客户转为忠实客户。

4.ERP系统

企业资源计划即 ERP (Enterprise Resource Planning)，由美国 Gartner Group 公司于1990年提出。企业资源计划是 MRP II（企业制造资源计划）下一代的制造业系统和资源计划软件。除了MRP II 已有的生产资源计划、制造、财务、销售、采购等功能外，还有质量管理，实验室管理，业务流程管理，产品数据管理，存货、分销与运输管理，人力资源管理和定期报告系统。目前，在我国 ERP 所代表的含义已经被扩大，用于企业的各类软件，已经统统被纳入 ERP 的范畴。它跳出了传统企业边界，从供应链范围去优化企业的资源，是基于网络经济时代的新一代信息系统。它主要用于改善企业业务流程以提高企业核心竞争力。

5.HRM系统

HRM系统主要适用于企业中的人事部门（人力资源部门），人事部门的主要工作是管理企业中人员信息、组织架构、人员异动、招聘等。人事管理专员可以通过人事管理系统维护员工资料、部门架构、人员分组、员工异动信息等。

6.SCM系统

SCM(Supply Chain Management)就是对企业供应链的管理，是对供应、需求、原材料采购、市场、生产、库存、订单、分销发货等的管理，包括了从生产到发货、从供应商到顾客的每一个环节。

7.WMS系统

仓库管理系统通过入库业务、出库业务、仓库调拨、库存调拨和虚仓管理等功能，综合批次管理、物料对应、库存盘点、质检管理、虚仓管理和即时库存管理等功能综合运用的管理系统，有效控制并跟踪仓库业务的物流和成本管理全过程，实现完善的企业仓储信息管理。该系统可以独立执行库存操作，与其他系统的单据和凭证等结合使用，可提供更为完整全面的企业业务流程和财务管理信息。

8.Callcenter系统

Callcenter系统，即呼叫中心，又称客户服务中心。最初的做法是将客户的呼叫转移到应答台，后来转变为交互式语音应答系统。

呼叫中心就是在一个相对集中的场所，由一批服务人员组成的服务机构，通常利用计算机通信技术，处理来自企业、服务对象的电话咨询，尤其具备同时处理大量来话的能力，可将来电自动分配给具备相应技能的人员处理，并能记录和存储所有来话信息。一个典型的以客户服务为主的呼叫中心可以兼具呼入与呼出功能，当处理服务对象的信息查询、咨询、投诉等业务的同时，可以进行服务对象回访、满意度调查等呼出业务。

8.2
B端产品与C端产品的差异

很多从C端转向B端的设计师都会存在着一段时间的"适应期"，原因是B端设计与C端设计的方式存在着一定的差异。那么B端产品和C端产品都有哪些差异呢？

8.2.1 面向用户不同

C端产品主要面向个人用户，针对个人用户在日常生活中遇到的场景，帮助用户解决日常生活中的需求。B端产品主要面向企业和组织，虽然也会有着一些细分的用户画像，但是B端产品的用户画像主要是具备着工作职能性质的角色，帮助他们处理在工作中遇到的需求。

B 端产品与 C 端产品

在这里可以再扩展一点，B端和C端产品的用户对产品的认知广度是存在一定差异的。对于C端产品的用户而言，他们的习惯偏好决定了他们对于产品中的一部分功能格外熟悉，但对于他们不感兴趣的功能，用户的了解程度可能并不会很高。而对于B端产品用户，他们在每天的工作中都长时间地使用产品，对于产品的熟练程度和了解程度都要远远高于我们。

8.2.2 产品决策对象不同

产品决策对象不同也是B端产品和C端产品的另外一个不同。首先B端产品面向的是企业老板，满足企业老板的需求，让老板满意才是关键的事情。当老板对产品提供的服务感到满意，才会选择购买产品给员工使用。而C端产品面向的是个人用户，只要做到用户体验良好并且提供一些增进用户留存的机制就可以运营得很好。

这两者之间的差异性在于B端产品在满足客户的需求后，间接服务于用户；而C端产品直面用户。因此B端产品在设计的过程中需要平衡"客户"与"用户"之间的体验感，个人认为一个理想化的B端产品应该是既满足"客户"的需求，又提升"用户"的体验，不然很可能会出现"在客户好评的同时，用户给差评"的情况。

在这里还可以引出另一个思考点：客户与用户对于同一款产品的评价也许产生两极分化。老板希望能够管控员工好好工作，这款软件能满足我的需求，非常棒。员工则觉得这款产品管控太严格了，这款软件真是太糟糕了。但是如果将来员工自己出来创业做老板，作为老板的他出于加强管控的目的，可能也会购买同样的软件用来管理团队。

8.2.3 替换成本不同

对于C端产品的用户来说，他们下载一个产品并使用很可能只是因为一时兴起，或许是经常在淘宝买东西，想看看在别的电商App中有没有更便宜的价格，或许是朋友告诉他这个App很好玩，他就去应用商店进行下载使用一下。同时，随着C端行业中同类型的竞品越来越多，用户对于产品的容忍度也在下降，如果在这个产品中遇到几个让人使用不舒服的体验，用户也许就会选择使用竞品。

而对于B端产品来说，用户在选择B端产品时所花费的决策时间要比C端产品长很多，而且大部分的B端产品被采购来用于公司和团队大规模进行使用，因此B端产品的决策成本非常高。这有点儿像设计师更换自己的主力设计软件一样，你需要考虑如何处理之前的设计源文件、如何学习新的设计软件等。而对于很多的公司而言，购买一个新产品可能并不困难，但是从旧转新的替换成本是非常高的，他们在第一次选择产品的时候会特别谨慎、再三考察之后才会做出决定。

8.2.4 功能设计侧重不同

我经常会跟行业内的一些设计师进行交流，聊一聊对于各自行业的认识。通过交流大概了解了很多中高级UI设计师们的想法。其实大部分的UI设计师对于未来的规划都是比较有想法的，不管是未来想到专注视觉抑或者想要跨向交互的设计师，对于产品的业务逻辑都希望可以进一步地了解，参与到产品的前期规划讨论中。

但是，在谈论到B端产品的时候，大部分的设计师都会选择放弃。

有一个设计师跟我说他认为B端产品设计非常"枯燥"。对设计师而言产品的理解成本太高了，又没有办法做到像C端产品那样有具体功能的侧重取舍，想要玩转B端产品之前，首先要将整个行业链路里的内容都走一遍，对于很多设计师来说，这个过程太痛苦了。

例如阅读类的产品，产品的核心侧重在于"阅读功能"，而"想法管理、阅读标注、社交分析、读书排名"这一些功能都属于Kano模型中的"魅力型需求——即使在期望不满足时，用户也不会因而表现出明显的不满意"。我们只需要抓住用户的核心需求"阅读"，围绕这一核心点去提升用户体验即可。

但是同样的情况发生在B端产品，可能就截然不同了，对于B端产品而言，功能是非常繁多且必要的。例如OA办公系统中的"申请提报功能"，这个功能针对的根本不是单一类型的用户、单一类型的场景。而是很多不同岗位的用户以及不同的提报需求场景。很多初入B端产品的UI设计师，他们认为"申请提报功能"只是一个信息输入页面，但是在实际工作的时候，却要按照数十种不同的提报方式去设计内容，并且根据不同提报需求，后续还会有更多的差异化设计（附件上传、日报提交、订单流审批等）。我们在设计的过程中不但需要去思考不同类型的提报样式是否可以统一、精炼化，还需要考虑在订单审批流程中，如何让流程涉及的角色及时地参与其中，提升功能的使用效率。

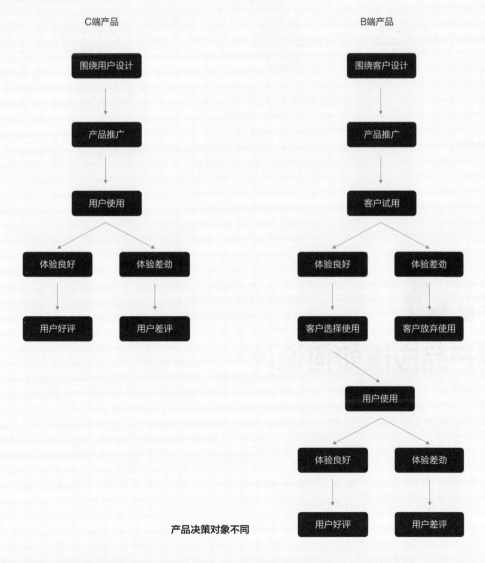

产品决策对象不同

（大部分的C端产品都有一个核心功能，其他的围绕核心功能作为辅助）

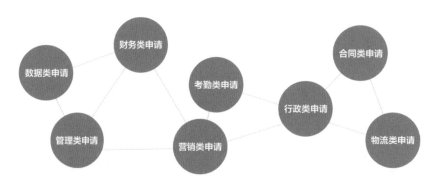

（B端产品中相关业务功能都非常重要，缺一不可）

功能设计不同

8.3
B端产品应该如何设计

很多人在设计B端产品的时候总是觉得很难受，感觉可延伸的方向有很多，却又没有一个十分合适的切入点。引用之前的一句话，这是因为我们距离用户的真实场景偏离太远，导致我们在设计中很容易理所当然赋予用户大量无用的东西，偏离了用户需要的主要轨道。

很多人把 B 端产品设计看作在迷雾中搭建桥梁

在一些设计交流群里我也遇见过刚入行B端的设计师，当聊到功能设计时，他们做过最多的事情就是拿着一个产品功能的名字去设计网站寻找相似的页面进行"借鉴"。而在我看来B端产品的"用户定制化"现象相对较重、没有固定的功能模式，因此一味地模仿借鉴其实是非常危险的行为。

大部分B端产品设计的本质其实是解决客户在真实场景下遇到的问题，提供用户更便捷的使用方式和更多的价值。但知易行难，从产品的设计者的角度，在产品的规划过程中要做到以下几点。

8.3.1　了解基础业务流程

在这里讲的业务流程并非是单一产品的业务，而是我们要从整个行业链路的角度上去看待问题，要真正理解行业过程中每一个环节的过程。

像在生活中我们经常也会用到一些C端产品，因此在对C端产品进行设计的过程中，我们可以很容易将自己的视角代入到用户角色，从用户的角度思考问题。而当我们在面对B端产品的时候，很难将自己的视角代入到用户角色中。想象一下，你打开一款CRM类的产品，面对着里面各种各样的功能，估计连理解这些功能都很难做到，更不用说使用产品正常工作了。

对于C端产品而言，大部分情况下都是用户独自使用产品。而B端产品在绝大多数情况下，一个功能的流程里，可能需要多个角色进行协作配合。因此，从事B端产品的设计师需要熟悉业务流程，了解业务流程上每个角色的行为和需求。

说得再简单点，你是否知道你负责设计的产品面对的用户都有哪些职能？他们每天是如何工作的？他们之间的工作内容如何进行衔接？了解清楚整个业务流程能够降低你在思考过程中的主观想法，从更客观的角度为用户思考。这样能大大地提高你在产品设计过程中的成功率。

8.3.2　与竞品保持适当的距离

如果你是刚从C端转向B端的设计师，你一定会感觉到B端产品和C端产品的竞品差距。对于C端产品来讲，竞品实在太多了，同类型的竞品可能随随便便就能找到十几款，并且能够轻松使用手机号注册。而B端产品的竞品非常少，再加上B端产品一般都是付费使用，想要将功能全部体验一遍是非常困难的事情。

对B端产品分析的时候，我们应该着重去看一下产品的官网，通过官网宣传了解产品的核心功能有哪些、产品针对的用户是哪些群体，再结合竞品的页面分析他们的设计目的。我需要再提醒一点，不要一味地照抄竞品，竞品在设计中的作用仅仅是参考与启发，设计思路可以进行适当借鉴，而不能完全相同。

8.3.3　功能流程归类

完美的功能归类会让产品的需求方、设计和开发的对接方以及用户都非常满意。尤其是从零到一的产品构思，在功能的构建过程时一定要确保功能归类的明确性与未来的可扩展性。

8.3.4　逐步迭代、调整方向

B端产品面向的需求方大部分都是在行业中沉浸了很多年的客户或者相关的业务部门。这种特殊的情况对设计师而言有些复杂，一方面，客户对于自己业务的发展方向十分清晰，而另一方面，他们对于产品的观点也存在着一定的区别，不同的客户对于自己公司管理的方法不同，他们的人员组成结构也完全不同。有的客户可能会更喜欢产品创新，他们期待着有没有什么更新鲜或者更有挑战性的玩法儿，能让员工收集到更多有价值的事情。而有的客户则不太喜欢产品的创新，他们希望能够让自己的员工的工作内容更聚焦一些，不要被一些"多余"的事情分散精力。

所以对于我们而言，面对这种大方向一致而细微之处各有不同的用户群体，要学会整合和克制。如果有了一些比较亮眼的功能或者想法，尽可能要做到小幅度快节奏的持续迭代，在迭代的过程中逐渐收集用户的反馈，权衡下一次优化的设计点。

8.3.5　让潜在客户更好地了解产品

B端产品的决策维度和使用、替换成本都比较高，因此，很多B端产品的官网会针对新用户进行体验设计，比如在产品官网首页首屏简短精炼地介绍产品的主要功能和特点，并在官网首页的右下角为用户提供了快速进入客服咨询的入口，用户向下继续浏览，则会显示出产品主要功能的详细介绍以及能够为用户带来的价值，在页面的底部还会介绍使用产品的一些知名企业和用户的评价，提升用户对于产品的第一印象。

8.4
如何提升B端产品体验

8.4.1 价值体系的搭建

价值体系的搭建是整个产品中最核心的点。何谓价值体系？对于B端的产品而言，客户最关心它能为实际的工作带来哪些便利而非这个界面有多好看以及交互有多创新。对于一个B端产品来说，能高效地帮助用户处理工作就是最好的体验。

简而言之，优先围绕"实用"与"效率"进行设计，然后再去考虑其他的体验因素，会让你的产品在客户眼中更有价值。

8.4.2 学习成本&认知成本

对B端产品来讲能够支持更多的商业场景、满足更多岗位的工作需求是非常有价值的事情。但是，对于使用者来讲，产品内纵横交错的商业逻辑和业务逻辑给他们搭建了一个十分高的学习门槛。B端产品要做到完全没有学习成本基本是不太可能的，我们只能尽可能地通过设计去降低用户的学习成本。例如，在用户第一次登录时通过引导流程帮助用户配置功能，为用户提供学习文档等方式。

近几年，很多的B端产品开始学会与用户建立沟通。例如通过公众号的方式与用户建立联系，通过公众号平台将产品每次更新的内容推送给用户，让用户更好地了解产品最近发生了什么变动、出于哪些考虑对功能进行了调整等。

8.4.3 页面清晰简洁&场景下保持高效

B端产品的用户一般比C端产品的用户要更有专业性，同时也更有耐心。但是，如果我们的页面设计过于复杂或者为了丰富页面加入很多的冗杂字段，就会对用户造成不必要的影响。

而另一个在设计中需要注意的问题就是高效。从某个角度上讲，高效是减少用户不必要的操作&页面的跳转问题，例如在客户管理列表页修改客户资料的时候，尽可能地使用弹窗代替新页面，这样会大大减少页面跳转的频率，但是与此同时，减少页面跳转并不代表真正的高效。例如一些流程繁杂、信息量比较大的功能，所有的操作需要按照指定的流程进行而并非一步到位。这样虽然增加了页面的跳转，但是可以避免因操作出错给用户带来的更大的困扰。

8.4.4 设计的一致性

保持产品一致性看似很容易，但是实际上对于B端产品而言，需求、开发、上线会是一条漫长的战线。除非是大公司，否则很少有设计师能只跟随一个产品走到最后，并且很多公司其实还是没有建立一致组件库的习惯。当你两个月之后再入手参与这个项目，你会发现你对这个产品感到陌生了，往往就会产生同一个设计师做出来的设计图像是两个设计师做的一样。

坚持设计的一致性是很重要的，例如产品的交互操作（弹窗的样式、列表页左右功能布局）、按钮的不同状态、字体大小的规范、系统导航条的样式及位置、切换页面的触发等，都属于一致性中必不可少的因素，当产品的一致性程度较高，可以降低用户的操作成本、提高用户的使用效率。

8.4.5 更严格的评审

在设计B端产品的过程中需要进行更严格的内、外部评审。从功能规划和交互设计这一步就应该开始逐步评审，评审交互设计的功能点有没有遗漏？交互框架搭建的过程中是否考虑到了随着产品发展带来的更多功能的扩展性？修改某个功能是否会导致其他的功能出现问题？在修改规则的时候是否会对现在的产品造成风险？这些都是需要进行不断地评审、磨合、测试才能逐渐完成上线的。在这中间我们要不断地调整B端产品设计的方向（包括产品功能的优先级排序）。

B端产品的功能设计也许并不在于亮眼，而是在于均衡和稳定。C端产品的每一个用户都是单一的个体，通过C端产品带来某种生活中的便捷与享受，功能规划不合理，很可能会失去某些群体的用户，但是可以通过迅速的功能迭代和营销策略在下一轮中赢回来。而对于B端产品上的每一个客户而言，产品是支撑生意的重要组成部分，是不能承受风险的。如果因为产品的问题导致客户出现了损失，这种客情关系是比较难以挽回的。在这里也可以结合上面的替换成本来讲，当产品频繁出现问题的时候，对客户而言，他们心中的产品替换成本会变得非常微薄，很容易将客户推向竞品的方向。

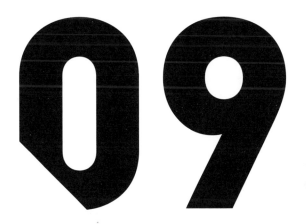

CHAPTER

09

远离"误区"：常见的认知偏差

9.1
确认偏误UI设计

确认偏误被称为"思想偏误之父"，它指的是当人们对一件事情产生了自己的观点后，就会刻意关注那些支持自己观点的信息，或者把那些不属于支持己方观点的信息通过"强行解释"进行同化。

例如有的人比较相信星座论，他们经常会去搜一些类似"摩羯男狮子女是否般配"，然后在他们的生活片段中回想类似的场景来坚信自己的"星座观"。再例如你在购买了一件商品之后，有人告诉你这个品牌的东西不好，你非但不会相信，还会安慰自己说，他觉得不好，可能只是他没有体验过或者他刚好遇到了生产有瑕疵的产品。更有甚者，会在百度中搜索"某品牌+很好"的关键词，通过搜索结果来强化自己的观点。

深陷于确认偏误的人往往会显得有些"偏执"，他们在查阅信息的时候往往只关注和相信那些与自己观点相同的内容，对那些与他们观点相悖的内容则会忽略。而有的人在两个选择间表示都可以的时候，他心里可能已经有了一个偏好的答案，他在搜索信息的时候往往会向着有利于自己偏好的方向进行信息搜集。

确认偏误的存在提醒着我们：当我们思考问题的时候，要警惕自己是否想法太过主观，一定要从多个角度去看待问题，多听取身边人的看法，避免陷入确认偏误的误区。

9.2
幸存者偏差

幸存者偏差,也被称为"生存者偏差",指的是只看到了经过某种筛选后产生的结果而忽略了筛选的过程,因此忽略了被筛选掉的关键信息。

曾经有军队想要对己方执行任务的飞机进行改装升级,他们通过统计飞机机身弹痕位置的信息得出一个结论:飞机的机翼部位中弹的数量较多,而机身和机尾中弹数量较少,因此应该重点加强对机翼的防护,但是统计学家沃德对这一结论提出了质疑,沃德指出这些成功返航的飞机大部分都是机翼中弹,这恰恰说明了机翼中弹对飞机的影响没有想象中的那样大。统计结果中,机身和机尾的中弹数量虽然少,恰恰说明了机身、机尾一旦中弹,对飞机造成的损伤更严重,这些无法成功返航的飞机并没有机会让人们再来进行检查。因此应该加强机身和机尾的防护。

在幸存者偏差的影响下,大部分的人只看到了幸存者的结果,而忽略了这些幸存者属于极个别的情况,在生活中幸存者偏差的例子也有很多,例如前些年很多人在朋友圈里发的段子,列举了一些非常成功的企业家,这些企业家都是没有完成学业就出来创业了,获得了巨大的成功,很多人得出读书无用的结论。但是他们没有看到更多的人通过读书改变了自己的命运,也过得非常成功,他们更不会看到那些没有完成学业出来创业失败的案例。

观察到: 做自媒体获得了丰厚的回报	观察到: 做自媒体获得了丰厚的回报
没有观察到的: 还有很多自媒体并没有获得收益	没有观察到的: 其他的自媒体应该也都获得了丰厚回报
真实情况	**幸存者偏差**

幸存者偏差

9.3
禁果效应

禁果效应，又称潘多拉效应，出自古希腊神话。

在古希腊神话中，宙斯对普罗米修斯偷取火种的行为不满，因此命令火神赫准斯托斯用泥土制造了"潘多拉"，并撮合潘多拉与普罗米修斯的哥哥厄庇墨透斯成婚。在婚礼前，宙斯送给了潘多拉一个密封的盒子，并再三叮嘱她千万不要打开。但是正由于宙斯的特意嘱托，反而激起了潘多拉的好奇心，她太想知道盒子里装的是什么了。终于有一天，她再也无法抑制内心的好奇，打开了这个盒子，盒子中的瘟疫、灾难等祸害降临人间。

禁果效应讲的是人们在面对被禁止的事情时可能会产生一种逆反的心理，越是不让对方去做的事情，对方越会产生想要去做的想法。它出现的原因是当人们对面对"未知的神秘事物"时，会产生很浓厚的好奇心。就像有人交给你一本书并告诉你千万不要看这本书的第28页，在他没有说明缘由的情况下，你会对这一页的内容越来越好奇，甚至要反复去读几遍。

禁果效应提醒着我们，当我们要求别人做什么或者不做什么的时候，必须告知他们充分的理由。

9.4
趋避冲突

趋避冲突属于心理（动机）冲突的一种，由勒温提出。趋避冲突指个体对同一目标既想接近又想逃避的两种相互矛盾的动机而引起的心理冲突现象。

很多人在日常生活中会受到趋避冲突的影响，例如有人想要买一款最新的电子产品，在他没有购买的时候会受到产品的吸引，而一旦他购买之后又觉得可能是一时冲动下单，未必真的能派上用场，白白浪费金钱。人在远离目标时，趋近目标的心理倾向会增加；在趋近目标时，远离目标的心理倾向会增加。

除了上述的趋避冲突之外，趋避冲突还有双趋冲突、双避冲突、多重趋避冲突的表现形式。

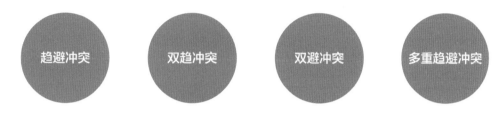

趋避冲突

趋避冲突

对于一个目标，在远离目标时，趋近目标的心理倾向会增加；在趋近目标时，远离目标的心理倾向会增加。

双趋冲突

有两个目标都具备吸引力，但是由于种种条件的限制，两个目标无法同时满足引发的心理冲突。简单来讲，就是"鱼与熊掌不可兼得"的问题。

双避冲突

有两种事件对我们都具备不利、威胁性，但是由于种种条件的限制，我们只能避开一种，接受另一种，在这种情况下引起的心理冲突就是双避冲突。

多重趋避冲突

有两个或两个以上的选择，每一个选择又分别有趋避两方面的作用，从而引发的心理冲突。例如我们在选择工作的时候，到底是在小城市过稳定、安逸但是薪资一般的工作，还是去一线城市，接受竞争压力大，但是薪资较高的工作。

9.5
面额效应

在生活中，很多人可能都会发现这一现象：在金钱总额相等的情况下，带小面额的货币（例如一百张一元）比带着大面额（一张一百元）更容易花掉。针对这种现象，纽约大学斯特恩商学院的Priya Raghubir教授和马里兰大学的Joydeep Srivastava教授做了一个实验。

他们找来了八十九名大学生，以感谢实验作为借口给他们报酬。随机给学生小面额的四个二十五美分的硬币或者是一张一美元的钞票。大概有48%的学生拿到了小面额的硬币，而52%的学生拿到了大面额的钞票。他们都可以选择是把钱带回去还是把钱花掉。结果是63%拿到了小面额的学生，会更倾向把报酬花掉。而拿了大面额的学生，只有26%会把钱花掉。这个实验证明：人在拿着小面额货币的时候会有更强的支付意愿。

再顺着面额效应的思路去思考一下，当我们在使用虚拟卡（礼品卡、充值卡、支付App）付款时，我们的支付意愿可能会更加强烈。

面额效应

9.6
邓宁−克鲁格效应

曾经有一个叫惠勒的男人在自己的皮肤上涂满了柠檬汁后去抢劫银行，因为他认为柠檬汁既然可以被用于制作隐形墨水，那应该也可以帮助他"隐身"。最后的结局是这个男人毫无意外地被警方抓获。但是在这个故事被广泛传播之后，康奈尔大学的心理专家大卫·邓宁和研究室贾斯廷·克鲁格对这一现象进行了研究，在研究结果的基础上，总结出了邓宁−克鲁格效应。

简而言之，邓宁−克鲁格效应使用自信程度和知识水平建立了一个平面直角坐标系，并以"愚昧之山""绝望之谷""开悟之坡"归类出在这个历程中人的三种不同心境。

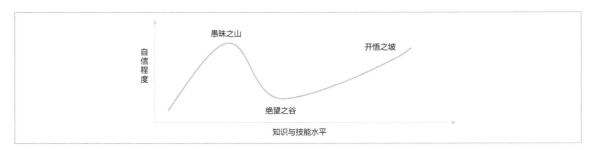

邓宁－克鲁格效应

一个专业能力不足的人在做事的时候很容易犯错，但是受制于知识的局限性，他往往认识不到自己的错误。这些人往往沉浸在自己想象的"优势"中，变得目中无人。

但是很多继续往下不断钻研的人，掌握的东西越多，对于知识的敬畏心越重，他们往往会陷入对于自我能力怀疑的怪圈。但是随着继续往下学习，对于整体知识的进一步掌握，会让他们的自信心逐渐开始上升。

举个例子，在学习C4D的过程当中，我们跟随视频课程进行着案例练习，在最开始小有成效的练习时候，我们往往会陷入盲目的自信中，甚至有的人觉得这些课程所在的案例都已经掌握了，就没有必要继续学习了。而继续学习下去的人会认识到之前做的案例所用到的功能跟这个软件相比都太简单了，他们在面对更复杂的案例时，会对之前学到的东西产生怀疑。随着他们更深一步地学习，对这个软件的掌控度提升了之后，他们的自信心又会慢慢恢复。

当我们谈论到邓宁−克鲁格效应的时候，可以引用科学家笛卡儿曾说过的一句话："越学习，越发现自己的无知。"

9.7
宜家效应

宜家效应是指消费者在自己动手组装宜家家居的过程中的一种心理状态。当用户亲手将购买到手的零件组装或成品之后，他们对物品的价值评判会提高（消费者对于一个物品付出的劳动越多，就越容易高估该物品的价值）。如果用户没有完成物品的组装，宜家效应会消失。

在很多产品的运营过程中，适当地运用宜家效应，会大大提升用户的成就感。

国外有一种速溶蛋糕粉产品、这款产品的使用方法非常简单，用户在购买产品之后，拿回家中加上清水搅拌随后放入烤箱。按理说，这款非常容易上手的产品应该会受到消费者的追捧，但是产品上市之后销量表现不尽如人意，于是产品公司请来了相关的专家解决这个问题，专家在经过研究之后建议公司在蛋糕粉中取消蛋黄的成分，让消费者在制作的过程中自行添加蛋黄。新的产品上市后，虽然消费者在制作过程中添加了一道过程，但从另一个角度看，多了添加蛋黄这一步，使得消费者从简单的加水过程中抽离出来，享受到了制作的乐趣，进而提高了对产品价值的评价。

很多玩家在接触网络游戏的过程中，往往会苦恼于天天都要做任务很麻烦，但是通过自己投入了精力与时间后，他们会因为游戏角色获得提升而感到开心。这个时候如果给他们一个可以自动挂机打怪升级的辅助工具，他们的第一反应可能是非常开心，但是经过一段时间之后他们就会觉得索然无味，决定弃坑。

9.8

道德许可效应

你是否注意到这一点：当我们对某一类事物有一个正确的标准后，在遇到这类事件时，我们会更倾向于选择违背自己道德标准的做法，这种情况被称之为道德许可效应。

在生活中我们经常会受到道德许可效应的影响，在我们坚定决心，向计划的目标前进了一小步的时候，往往会放松警惕，允许自己做出与目标相反的行为。例如为了减肥去健身房跑步，运动之后却奖励自己又大吃了一顿；给自己制定了设计学习任务，但是下班后回到家里，坐在计算机桌前看了一会儿学习资料，满足于自我努力的这种良好感觉，过了一会儿又玩游戏了。

影响道德许可效应的不是人的自制力，陷入道德许可效应的人都会认为我向着自己的目标前进了一步，这感觉很好，我获得了成就感，因此应该得到一点儿奖励。我们在日常生活的过程应该把注意力从努力的过程转移到最终的目标上，"不要谈过程，只看最后的结果"，才能摆脱道德许可效应的影响。

9.9

峰终定律

曾经有研究人员做过一个实验：他们请来一些实验者，让他们感受以下两种方式。

A、将手放在冰水里60秒。

B：将手放在冰水里90秒，前60秒水温不变，后30秒水温稍稍上升。

冰水实验

在实验结束后，研究员记录下用户的反馈。令人惊讶的是，如果需要在A和B两个方案中再次选择一个进行体验，更多的人倾向于选择B方案 。

对于一个用户而言，一段体验中处于高峰的体验和结束时的体验对他们的影响最大，而过程中其他阶段的体验很少能对他们产生影响，甚至在经过一段时间后他们回想这段历程时，只记得高峰和结尾的体验，而其他的体验会被模糊和遗忘。这就是峰终定律。

例如我在回想起以前玩英雄联盟的时候，能够想起来的总是那些团战中打出的精彩操作，而对于其他的过程（补兵、换线）的印象就会非常模糊。峰终定律提醒我们，如果用户在一段体验中，高峰和结尾的体验是愉悦的，那么用户对整个体验的感受就是愉悦的。

例如用户在宜家购物的过程，虽然在宜家购物的过程中可能会遭遇到一些不好的体验，但是在购物的过程中用户可以买到很多物超所值的商品（峰），以及在宜家购物结束，出口售卖的一元钱冰激凌（终），这些大大地提升了用户在购物流程中的满意度，并使用户加深了对宜家"物美价廉"的印象。

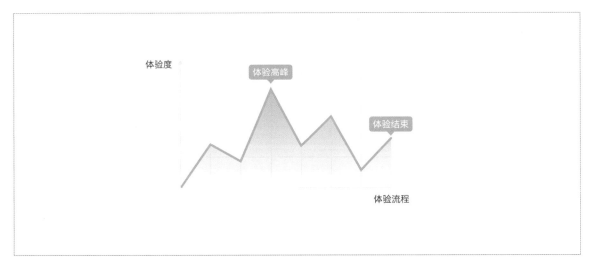

峰终定律

9.10
禀赋效应

禀赋效应指的是当一个人拥有了某项物品，那么他对这项物品的估值要比未拥有之前会增加。

例如你在购买二手MacBookPro时，收购价愿意在六千至八千之间。而如果你要出售自己购买的MacBookPro时，你的心理出售价往往要比此还高很多。

与禀赋效应相关联的还有损失厌恶心理。损失厌恶心理指的是人们在面对等量的收益与损失时，更加难以接受损失。例如我们参与投资理财，收益增长了一百元时我们会很开心，但是这种心情上的波动比不上损失一百元。

禀赋效应在日常生活中也经常被一些商家运用，例如生活中会有很多的产品会为用户提供先免费试用一段时间，到期之后如果用户不想继续试用就可以退回。在这种情况下，大多数的用户往往会在试用后选择购买产品。因为在他们拥有这件商品的过程中，他们对于商品的估值价格有一定的提高。

9.11
知识诅咒

你在工作中也许遇到过以下的情况。

在刚入职一家新公司的时候，你可能会被团队成员邀请进行一场知识分享。当打开PPT开始进行编辑的时候，你可能会产生一种心理："这些东西是老生常谈了，好像不怎么新颖，没有什么分享的价值。"

又或你所在的团队新入职了一名设计师，他被邀请进行一场知识分享。当你满怀期待地参加这场分享时，你发现他分享的知识你都已经学会了，这时候你也会产生一个疑惑："这个分享的内容是不是太过简单了。"

这有可能就是知识诅咒在影响着你的思考。

知识诅咒

知识诅咒指的是我们在掌握某个知识之后，往往无法理解别人为什么会不了解它。这像是一部悬疑电影，我们在第二次观看的时候已经无法再感受到第一次观看时产生的疑惑感一样。

知识诅咒的应用场景非常广泛，例如精通Photoshop的我们难以想象一个简单的操作任务，新手为什么会花费那么久的时间完成。我们也无法理解为什么有的人不会骑自行车，哪怕当年在学骑自行车时，自己也摔得很惨。

9.12
逆火效应

逆火效应，指的是当人们遇上与自身观念相抵触的观点或证据时，除非它们足以完全推翻原有信念，否则人们会忽略或反驳它们，原有的观念反而更加被强化。

逆火效应出现的根本原因是因为我们的大脑会下意识地保护我们已经接收到的信息，但是逆火效应对一个人造成的认知偏差影响是非常大的。尤其是对于一些在追着娱乐新闻吃瓜的朋友们来说，很容易受到谣言的影响。例如我的一个朋友很喜欢一个明星，当这个明星传出负面新闻的时候，他往往会不相信。当这个明星传出正面新闻的时候，他就会选择相信。简而言之，当你对一桩谣言选择相信之后，一般的辟谣新闻已经无法动摇你的观点了，甚至会让你更加坚定相信最初的谣言。

逆火效应可怕的地方在于，有的时候决定你是否相信一件事情，取决于你自己的好恶。例如有的人存在着仇富心理，看到比自己过得好的人传出了负面消息，他们就会选择对此深信不疑。某平台上某家互联网公司被人爆料了招聘丑闻，后来随着事情发酵，爆料人出来辟谣，原来是因为他嫉妒别人被录取而放出的假消息，但是还是有很多讨厌这个公司的人在下面留言，怀疑爆料人辟谣的真伪性。

逆火效应提醒着我们，当我们看待一件事情的时候，要保持客观和理性，尽量不要因外在的无关因素影响了自己的判断。

9.13
诱饵效应

诱饵效应指的是我们在生活中对于A和B两个选择进行对比选择时，如果出现第三个诱饵选项来对A、B中的某个选项进行助攻，则会使得A或者B更有吸引力。在现实生活中，我们可能会发现，在进行价格对比的过程中，我们的预算越来越难以控制。

例如一个消费者在电商平台挑选扫地机器人的时候，有A和B两种选项。

A：吸力2000Pa，只能吸尘，具备远红外扫描规划路线功能。售价1299元。

B：吸力2000Pa，吸拖一体，具备远红外扫描规划路线功能。售价1699元。

在A选项已经足够应对家中日常清洁要求的情况下，消费者在纠结的其实是有没有必要多花费400元去追求拖地功能。这个时候出现了第3个选项C。

C：吸力2500Pa，吸拖一体，具备远红外扫描规划路线功能。3199元。

当消费者看到C选项的时候，就会受到影响，下意识认为相对于A选项而言，B选项性价比更高。因为此时他看到的是B和C仅仅差距500Pa的吸力，却便宜了1000多元。

9.14
锚定效应

锚定效应也被称为沉锚效应，指的是人们对事物做出判断时易受第一印象或信息支配影响，在这种情况下你的思想就像是被沉锚固定在某点的小船一样，难以脱离。

例如，我在上初中的时候，邻居家的孩子连续好几次考试成绩都比我要好。后来在我的不断努力之下终于有一次考得比他好。而这个时候大多数的人会认为是他这次考砸了，而不是我进步了。

同样，在超市购物时，面对打折促销的商品时，我们会将商品原价当作锚点，从而产生购买这个商品非常划算的感觉。而在一些奢侈品店，靠近门口的地方如果展示非常昂贵的商品，在锚点的对比下，店内价格没有那么高但依然比较昂贵的商品就会让人觉得价格还可以。

9.15
真相错觉效应

无论一件事情是真还是假，都可以通过不断重复使其变得真实可信。最典型的案例就是三人成虎。

魏国大臣庞葱，将要陪魏太子到赵国去做人质，庞葱对魏惠王说："如果有一个人说街市上有老虎，大王会相信这件事吗？"魏惠王说："我不相信。"庞葱说："如果有两个人说街市上出现了老虎，大王会相信吗？"魏惠王道："我有些将信将疑了。"庞葱又说："如果有三个人说街市上出现了老虎，大王会相信吗？"魏王道："我当然会相信了。"庞葱就说："街市上不会有老虎，这是很明显的事，只因三个人说街上有老虎，好像真的有了老虎了。现在赵国国都邯郸离魏国国都大梁，比这里的街市远了许多，批评我的人又不止有三个。希望大王能够明辨。"魏王道："我自然不会听信谣言。"庞葱走后，果然有很多人向魏王进谗言，魏王也被说动了。后来庞葱回到魏国，魏王也没有再召见他。

这个相对偏古代案例和本书中引用的其他案例放在一起，似有违和感，但是我之所以选择这个案例，是因为在这个案例中，大臣庞葱在出发前已经跟魏王讲明了利害关系并且得到了魏王的认同，最后竟然还是败在了众人的流言蜚语中，落得一个"不得见"的下场，这非常值得令人深思。同样的道理，在现实中的我们可能对这些心理作用的理论都非常了解，但是如果不时刻反思、自省，也会容易掉进这些心理偏差的"陷阱"里。

10

设计新人如何走好未来的路

10.1

关于个人UI设计

10.1.1 明确你真正想要的是什么

曾经有一位读者跟我述说了他在找工作的时候遇到的一些困难：同一个岗位有几十个人在竞争，自己在面试中屡屡碰壁等。在跟他详细交流后，我能感受到他排斥跨行业转入UI设计行业的人，他认为这些人只是冲着高薪才转行的，并不是真的热爱设计。

我能理解他为什么会产生这种想法，不过我认为这种想法确实存在着片面性。因为多数人在行动的时候都有一定的趋利性，例如很多人在报考大学专业的时候肯定也会有亲朋好友建议报考工资高、有前途的专业。因此当一个行业处于风口阶段，就一定会吸引许多跨行者前来竞争。与其说你讨厌这些"不是真正热爱设计"的人，还不如说是因为UI设计作为一个风口行业涌入了太多跨行业的设计师让你产生焦虑。

同样的情况出现在一些跨行业从业人员身上。他们刚开始进入这个行业时认为可以轻松拿到高薪，但是实际情况与他们想象的不符。他们只能找到一家普通的互联网公司，从初级设计师做起。大部分跨行的设计师都会遇到类似的窘境。但是我跟一些设计师交流之后，我发现有他们似乎都不愿承认自己是因为高薪而非喜欢才进入这个行业。

我不知道这种情况是不是受周围环境的影响，但是从平时的交流中我没感受到他本身对于设计有多热爱。

写这些是想要明确一点，为了赚钱进入一个新的行业很普遍。对于UI/UX这个行业，你到底是真心热爱设计，还是为了赚到更多的钱来改善自己的生活，都不影响你成为一个合格的设计师。一个是以热爱为主要驱动力，一个是以物质为主要驱动力。对于一个人而言，只要有足够的驱动力，就能支撑他将这件事情做好。但是太多的设计师都受到了外界的影响，说久了自己都相信是真的喜欢设计大于赚钱，但是做起来又觉得十分迷茫，那是因为当他的潜意识里认为的驱动力和实际的驱动力不符的时候很难产生积极的影响。

高收入与热爱

1.物质驱动与热爱驱动相比，会显得后劲不足

如果是从三年以下的设计师来看，这两者之间的水平差距并不大，但是如果长期看五年以上的话，以"热爱"为驱动的设计师的能力还是要比追求"高薪资"为驱动的设计师高上一些。我建议要尽可能地培养自己对设计的兴趣，这样能帮助你在这条道路上走得更远。

2.明确你的职业发展路线

对于跨行业的从业者们，在决定进入UI/UX设计行业之前，需要静下心来想一想，自己在大学期间读的专业是否真的没有前途？很多的专业虽然在刚毕业的时候就业待遇非常差，但是从长期来看职业的发展还是非常棒的。而且有的行业的特点就是薪资随着就业年限的上升而不断上升，行业本身也有一定的门槛和壁垒，较难有跨行业者竞争。

我认为，在没有对自己专业的就业情况进行长远分析的情况下，为了高薪资转行是十分鲁莽的行为，毕竟UI设计行业的入门门槛正在逐年下降，竞争压力也在逐渐加大。如果将来这个行业开始走下坡路，跨行而来的小伙伴很难回到自己的本专业上就业。

10.1.2 关于技能

在新人入行工作一到两年之后，会开始通过自己在实际工作中积累的经验和阅历反思自己的不足，再加上在这个阶段很多人已经能摆脱刚开始工作时焦头烂额的状态，能够很好地完成自己的工作，因此这个阶段他们更喜欢用时间学习其他的设计技能，提升自己在职场的竞争力。

目前设计师们可以选择的技能方向非常多，例如动效、3D、交互等。太多的设计师想要学得面面俱到，但是最后可能会因为精力太过分散导致效果不佳，耗费了时间但没有学到什么东西。如果你也打算去学习设计技能，我建议价钱结合自己的工作内容和职业规划进行选择。学习一门新的技能，并且能在工作中加以运用，这是能让你在学习技能之后，使之变得更加熟练的一种方法。

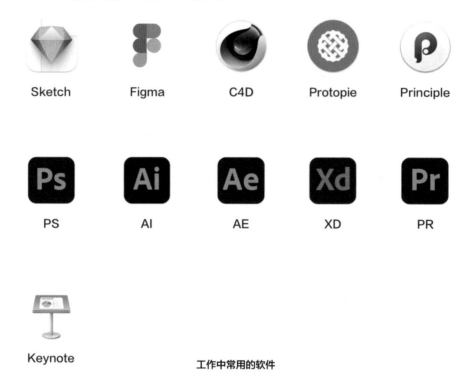

工作中常用的软件

在进行学习之前，最好先对要学的软件进行了解。在开始学习过程中，务必注重软件的专精。例如有的设计师想要在三个月的时间学习动效技能。在学了一段时间的Principle之后，他听别人说Protopie也很容易上手，于是他又转向学习Protopie，在一次次变换学习方向的过程中，他不仅白白浪费了许多时间，也没有得到丝毫收获。

就学习课程的选择而言，你可以选择付费学习，也可以选择去网上找一些免费的课程进行学习。对于初学者而言，一套合适的课程应该是从易至难、循序渐进的。一些课程讲师的水平可能非常高，课程的水平也保持在了一定的高度上，但是初学者在学习这类课程时往往会觉得难以入手。例如，PS高级技法类的课程，讲师只会针对一些相对高阶的操作进行解释，相对基础的快捷键就不会进行讲解。因此，在一些免费的课程视频中经常看到弹幕在吵架——"这个操作是怎么做出来的？""这个操作都看不懂，还是出去吧"等。

在一些比较适合初学者理解的课程中，授课讲师会在讲到要点的时候刻意提醒一下："这个地方是重点，你们要着重记一下笔记。"并在操作一个软件之后提醒观看者，如果你做不到这个操作，可能是因为你的软件在某某功能的设置上存在一定的问题。这样做对于初学者的体验会比较非常友好，也能够很好地提升学习的效率。

在学习的过程中，可以有效避坑的一个方式是先将视频看一遍，然后再跟着做。例如我在今年年初学习一套课程的时候，一步一步地跟着讲师的教程做，快结束的时候讲师突然发现自己在最开始的一个操作有误。于是我只能看了一遍那个案例，并没有再跟着做出来。这样虽然也能学会知识点，但是不利于形成良好的学习节奏。

10.1.3 有效学习与良好节奏

对于很多设计新手而言，能帮助他们提升的方式是寻找到对自己有效的教程，另一个则是保持有效的学习。

有效学习和无效学习的差别非常大，在我刚开始学习的时候，往往是笔记本放在正前方，旁边放着平板计算机播放一些视频，最后导致我只是坐在计算机桌前歪着头看了三四个小时的视频，学习进度几乎为零，这种状态就属于无效学习。当然，我也见过非常厉害的设计师，在计算机屏幕上开双屏，一半屏幕开软件，另一半屏幕开视频，也能够很高效地学习。如果你没有一定的专注力和自制力，那么在学习的过程中，你一定要自觉远离那些干扰你的东西。

其次，你要养成一个良好的学习节奏。这就像是打游戏和看视频一样，对于学习而言，也要形成一个能够坚持习惯。与看视频打游戏不同，对于学习，你要产生一种积极的推动力：你可以将自己当天或者最近学到的东西进行产出，这个产出会给你一种感觉"通过努力确实获得了一定的成长"。这样才有利于形成一个良性的学习节奏。如果你对学习这件事只是局限于看了就感觉会了，过一段时间你就会觉得之前看过的东西好像白看了。而通过学习产出一些视觉成果往往可以获得成就感，形成一股积极的推动力。

这里多说一句，很多年轻的设计师，特别喜欢熬夜"爆肝"学习，这其实是非常无效的事情。我认为学习是一个细水长流的事情，爆发式的学习首先不太能够做到高效率地吸收。其次，在爆发式的学习之后，往往身体会变得比较疲惫，这种疲惫感有时会与学习这件事情绑定到一起，当你对于学习的印象变为困倦感时，尽管现在精力充沛，你主动学习的动力也会变得微弱。

10.1.4 不要因为年轻而浪费你的时间

在我刚进入这个行业时，相对于一些传统行业，互联网行业给我的感觉第一是新奇，第二的感觉就是高薪，这让我感觉挺好的。我身边也有很多类似的设计师，每天就是日常上下班，沉浸在各种游戏中。

当我们每天都将大量的时间耗费在玩游戏上的时候，用于投入学习设计的时间基本等于零。对于很多人来说，游戏只要一打开就停不下来，就算是这个游戏玩腻了就换另一个游戏来玩一下。直到玩得很累再学习了。于是，脑海中便浮现了"还是明天再学吧"的想法。

大学的时间和刚毕业的时间是最珍贵的。上大学的时间可能让你完成初始知识的积累，毕业后的这段时间可以让你去研究怎么将已经学到的知识用于工作中，并对自己缺陷的知识进行学习补全。再现实一点，再过几年成家之后，工作之余的大部分精力要留给自己的家庭，他很少能专门拿出时间用于提升自己了。

如果你现在觉得自己还很年轻，并天天安慰自己"今天再玩一天，明天再开始学习"的时候，你应及时调整一下心态。无论任何时候，我们都要在心里保留一份危机感。

10.1.5 尝试去找到一件事情的平衡点

这种情况可能会出现在很多人的身上，具体表现为当一件事情的进度为0%时干劲满满，在这件事情即将达到100%时兴致不高。

例如你的设计作品从0分做到了80分，其实还可以继续细化，但是往往很多人就是不愿意再继续打磨了。但是如果就此止步，你之前的努力也就白白浪费了。同样，一件事情你从0分做到了80分，耗费了一定的精力打磨到了95分，然后你又耗费了很大的精力，从95分提升到了96分，在这个时候你其实可以选择停下，考虑去做别的事情。

10.2
关于选择

前些年，我在站酷上认识了一个朋友，他是个非常有趣的人，在根据自己的实际情况对职业做出规划后，他选择向当地一家从事B端行业的公司投递了简历，并且成功成了该公司的一名UI设计师。

开始他非常开心，因为老板非常重用他，他虽然是一个UI设计师，但他同时也在承担着产品经理的角色，这对他当时的情况而言是非常合适的。因为他的目标正是通过工作来了解B端产品的相关知识以及积累更多的工作经验。这种机遇给他带来能力上迅速的成长，他在一些前辈的带领下不断充实着自己。

但是，他渐渐发现事情开始逐渐往坏的方向发展。一门心思学习行业经验的他在老板的眼里变成了一个热血小白。不光是产品、设计，连场下活动的策划等工作都开始交给他做，他渐渐变得疲惫不堪，经常在晚上十点才下班。

面对越来越繁重的工作，他跟老板申请加薪却遭到拒绝，好在他近两年的工作十分努力，能力也提升了很多。终于，他决定辞掉工作，加入另一家新公司担任产品经理。

这次我们都认为他可以东山再起，但是没想到的是新公司的岗位关系非常复杂，朋友虽然受到副总经理的欣赏，但是其他的管理人员认为他过于年轻，根本不听他对于产品功能的想法，他现在过得非常难受，又打算继续换一份工作。

在将这本书提交给出版社之前，我整理了一下那位设计师在交流群里经常提到的问题，在整理的过程中我发现对于现在的设计师而言，太多的人都是因为职业经历的原因被拖累，导致个人的职业发展出现了一些问题。

在这里我想说一个观点：选择有时候比努力重要。你的职业规划非常重要，尤其是对于想进大厂的朋友而言，无论是提升自己的实力还是保证自己有一个稳定的职业生涯，擦亮眼睛找工作都是十分必要的。

10.2.1 尽可能避开不适合新人的公司

对于一个初入行业的设计师来说，找工作的时候很容易遇到这一类的公司。与体量特别大的成熟公司不同，这一类公司并不十分看重员工的成长速度与潜力，受限于人员和资金规模的限制，他们更注重的是面试者作为一个设计师当下的价值产出。这一类的公司是不太适合新人入职的，如果一个新入行的设计师来到这样的公司，大概率的结果可能有三种。

第一，设计水平比较稚嫩，短时间内被开除，在简历上留下减分的一笔（这一段工作经历失败，继续下一家公司）。

第二，设计勉强达到要求，但是老板为了追求性价比，往往会让员工肩负更多的职能（不堪重负，继续下一家公司）。

第三，设计勉强达到要求，在公司里稳定了下来，但是薪资平平，可能也没有前辈指点，只能自己摸索成长。

10.2.2 尽可能避开管理混乱的公司

一方面，管理混乱的公司会大大提升你的工作难度，你在工作的过程中可能遇到，需求方对接混乱（导致你不停地改稿），组织架构混乱（你甚至不知道自己的主管是谁、工作中应该听谁的）或"甩锅"盛行。

另一方面，刚毕业的学生初入职场就像是一张白纸，第一份长期工作会让你养成相对固定的习惯。因此，很多前辈都推荐刚毕业的学生一定试着冲一冲大厂，因为大厂有着更多的学习空间，还能形成相对规范的工作习惯。如果进了一家管理混乱的公司，也许直到离职你也搞不清楚自己到底应该怎么正确地开展工作。

10.2.3 尽可能避开对你没有成长帮助的公司

对于这一点，很多人的看法相同，但是做法不同。我们都喊着要远离舒适区，但是真的能下定决心跳出舒适区的人少之又少。

对设计师而言比较容易踩坑的公司，一种是管理混乱的，另一种就是完全的舒适区，跳入舒适区之后就容易呈现温水煮青蛙状态，如果你觉得长时间重复无意义的工作，并对你的能力没有任何的提高，那么就尽可能去改变这一状态吧，自己主动改变可能会有点痛苦，但是总比被迫改变要好一些。

10.2.4 尽可能减少跳槽次数

这个观点是从招聘方的视角出发的。现在行业内竞争的人数越来越多，一个普通的设计岗位有很多的人在竞争。这也使得用人方逐渐开始提高简历的筛选门槛，提升学历门槛是一方面，对跳槽的频率有考量也是一方面。比起那些三个月一跳槽、半年一跳槽的人来说，面试官更倾向于录用工作经历更稳定的面试者，因为如果团队中一个已经担负起正常工作的员工突然离职，对团队其他成员都是会产生一定的负面影响。

10.2.5 合理沟通与坚信自己

经常会有读者向我咨询关于职业发展的问题。但是我觉得从一个旁观者的角度来看，我不认为自己能给他们有决定性的帮助。

一方面，很多读者在问问题的时候，往往只会说非常模糊的信息。例如"我今年28了，在杭州的一家公司做了两年的B端设计，工资也一般，我是不是应该跳槽呀？"实话讲，当看到这段话的时候，我也不知道该怎么办，因为我根本无法获得有效的信息。

如果你真的想要通过这种方式获得别人的帮助，我建议你可以适当地补全你的关键信息，甚至要比你的简历更全面，因为你还要加上让你感到犹豫和痛点的部分。例如最近两年内你在做什么？你在什么样的公司？具体做了哪些工作内容？你为什么想要跳槽？是因为随着工作年限的增加，收入达不到你的要求，还是因为公司的工作环境让你感觉不适应，又或是说你对自己的职业发展有了新的想法？

跳槽的进度

对于跳槽这件事你已经做到哪一步了？有了初步的想法？已经在做简历了？已经试着投过几家公司？已经面试过几家公司了？面试结果怎么样？等等。

目前遇到的困难和顾虑

因为一些硬性条件达不到门槛导致面试不顺利，不知道能否适应陌生的环境，跨行业去新公司可能会有风险等。

只有当你将自己的情况相对全面地描述出来才能得到更有效地帮助。不过还有另一种情况就是读者在询问前就已经打定了主意，但是他们希望通过沟通获得别人的肯定，对于这一类的情况，个人认为适当的鼓励会有帮助，但是还是需要坚定自己的想法，不要把全部的希望寄托在别人的鼓励上。

10.3

关于面试

10.3.1 面试官想看到什么？

我们在求职面试的时候遇到的面试官类型会有很多，大致可以分为以下五类。

企业中负责招聘的HR人员。

与待招岗位平级的设计师同事。

待招岗位的直属上级。

隔壁部门的领导。

整个团队的负责人（如果是规模比较小的公司，就是老板来面试）。

弄清了面试官的组成部分，我们大概就可以推算出你在面试中需要表现出哪些能力。

表现的能力

1.证明你的能力适合这个岗位

在面试里最基本的一点是向面试官证明你的能力适合这个岗位。从个人的角度来看，就是个人经历、设计作品和软件技能。

从个人经历的角度来讲，很多的公司会更倾向于选择与行业匹配度相近的设计师。从面试官的角度来看，有类似的行业经历代表着你能比其他的设计师更快地融入并且理解这个行业里的一些规则，对于需求的理解会比较快一点。而设计作品这一点则是面试官根据你的面试作品集评估你的能力。技能树则代表着一个设计师在入职以后有着更多价值输出的可能性，比如说早些年的AE动效、近几年的C4D等。

2.证明你有一定的潜力以及自驱力

对于设计师而言，潜力和自驱力是非常重要的事情，这代表着你在未来的能力能够变得更强。如果一个设计师长时间一直都处于止步不前的状态，就会容易丧失掉竞争力，被淘汰是早晚的事。

3.必备的抗压能力与沟通能力

这一点主要是看面试者对于工作和面对需求频繁变化时的承受能力，这个属于很多公司比较看重的点。

4.其他加分项

在大公司，能力越强（能力满足岗位需求而且还超出了岗位需求）属于加分项；而在小公司，期望薪资不高属于加分项，所以应视面试公司的具体情况而定。

许多的公司由于自身规模并不大的原因，宁可花八千雇佣一个薪资水平在六千的人，也不愿意花一万雇佣一个薪资水平在九千的人，也就是说很多公司并不是很注重UI设计，对于他们而言，他们对于UI设计师的期望仅仅是"把页面弄的好看一点儿或再能做几个易拉宝"，因此他们不愿意开太高的价钱招一个UI设计师。

10.3.2 面试具体环节分析

面试环节

1.个人简历

首先就是简历面试，很多人都是止步于此。个人简历一定要写得尽可能精炼并且有条理。如果写得过于简单或者过于复杂，会给面试官带来一种不好的印象。在绝大多数的求职过程中，个人简历是先于作品出场的，因此个人简历决定着面试官对你的第一印象，一定要先确保简历的信息在有条理的情况下，尽量丰富自己的介绍。

2.作品准备

面试者的作品集也是很多面试官的纠结点。在之前筛选一些设计师简历的时候，我发现很多设计师在求职平台上更新简历的时候根本不会附上自己作品集。大概只有两成的设计师会在个人信息下面附上自己的作品集或设计平台的链接。这部分设计师实际上在面试中已经领先于其他的设计师了，因为除了个人简历之外，你还能让面试官看到更多的东西，他们会对你有更深的印象。但是同理，如果你展现出来的作品很差，你被筛掉的速度也会更快。

面试简历

很多人的作品简历包含的东西有的太简陋，有的太丰富，比较合理的UI设计师简历有以下特点。

1.具有高级设计感。

2.不要太少，也不要过多，项目展示的数量保持在三四个。

3.作品一定要详细排版到一个整体上，不要用文件夹里面几十张图片的形式呈现，不要用非常陈旧的样机。

4.案例之间的雷同度不要太高，例如作品集里的三个移动端产品里全部都是商城类的。

5.一定要把握你面试的主方向，UI设计师以UI作品为主，不要让大量其他类型的作品抢走UI作品的风头。

6.如果是PPT、PDF类型的作品简历，建议不要做得太多，把控在四十张左右。

7.对于前几年的作品，在放入作品集之前要思考一下，它代表不了你现在的能力，反而可能会给你拉分。

还有一点就是，文案也能间接地提升面试官对作品的印象。我找了一个朋友的作品前言，各位可以对比参考一下，理解一下细致的文案对于第一印象的影响。

如下列所示，同一个作品，哪种展示方式会更好一些？

这个项目做了挺久的，真的很累，但却让我学到了很多，比如产品、交互、动效上的知识，可以说收获颇丰。现在的我19岁，希望明年的今天，我的作品会更上一层楼 :)

第一个作品

我的上个项目，半年我变化了些什么？
https://www.zco......

事先声明/attention ˆ
1. 强烈建议使用电脑查看，用户体验更佳。
2. Gif 体积较大，请耐心稍等。
3. AE制作的动效经过降速处理，这是为了使一些细节更容易被看到，实际项目中会快一些。
4. 本作品是一个小程序，实际落地会进行交互及动效上的微调，不过甲方有做App的意向，算是做一个铺垫了。
5. 作品的展示已获得甲方批准，目前小程序新版本已在开发中，旧版本小程序体验搜索「男朋友外送」。
6. 一些界面的头像使用了自己的照片，不喜勿喷。
7. 因某些因素，仅展示了部分作品。
8. 作品中的一些英文仅作装饰用，切勿过分解读。

整个项目独自一人完成，虽累，但有成就感。
视觉/动效/交互/插画/文案/包装
@Kng98

第二个作品的介绍

3.面试过程

自我介绍

自我介绍需要简短而精炼，不要讲很久，这部分的时间把控在两到三分钟比较合适，也不要各种事项都讲出来。你需要抓住内容的重点，让面试官第一时间就了解到你的基本信息、教育经历和工作经历，这样可以让面试官对你可以有一个更直观地判断。

设计专业性

当面试官中出现设计主管或者同岗位的设计师时，他们可能会围绕着你的设计作品进行探讨。在这个环节，你需要体现出你的设计的专业性。在设计讨论的过程中，要做到专业、严谨，切忌随性开玩笑式的回答问题，设计稿的迭代的工作流程、以及在设计过程的思考都要详细地表述出来，而对于不同的设计意见尽量要保持谦虚的态度，不过如果这与你本身的性格不符，那么你也许要考虑下面这一点。

性格方面

性格方面也是面试过程中的一个衡量因素，对于设计师而言更是如此。因为设计属于沟通类工作较多的行业，所以对于UI设计师面试者而言，具备一个良好的性格也是非常重要的。不过个人非常不建议为了拿到Offer而在面试环节中压制自己的性格。如果一份工作需要靠你压着自己的性格才能去做，对你而言这就是一份无意义的工作。

4.面试题

面试题的出现主要是用人方要进一步对面试者考量作品的真实性以及在实际工作中是否能满足用人方的要求而设置的考题。另外，做面试题是一件比较费时间的事情，你需要先评估这家公司对你的重要程度（薪资水平是否真正达到了你的期望、所做的业务是否符合你未来发展的方向），再决定要不要继续做面试题。

5.Offer发放

一般在多轮面试或者说经历过测试题环节之后，如果你的表现符合面试方的需要，那么一般会通过电话的形式来告知你获得了Offer。而如果你没有通过面试，只有极少数的公司会告知你没有通过面试。

在发放Offer的过程中，有的公司会在求职者的期望薪资的基础上进行压价，但是在求职过程中也不排除会有一些公司开出虚高的薪资来吸引设计师投递简历，在最终发放Offer的时候再对求职者的期望薪资猛砍一刀，直接砍到比岗位招聘描述中的最低薪资还要低。有的设计师在这种情况下衡量了一下已经花费的时间与自己的实际情况后，还是可能会选择入职。

面对压低薪资这件事情，个人觉得如果你在面试的过程中感觉这家公司的氛围还不错，并且平台发展比较符合你的心理预期的话，可以适当地接受一定薪资的压价。但是如果遇到那种打着高薪招聘的公司，最终只能给普通薪资的情况，我还是建议你谨慎选择。

6.入职准备

一般在入职之前，人事部门都会通过邮件发送你入职通知。里面会有需要你准备的原件证件、复印件，如果签有三方协议记得也要一起带上，还有一些特有证明，也需要特别准备。比如说之前的工资流水单（有的公司需要）、健康证（一些行业需要用到）等。

而且在这段时间里，比较大的公司会进行背景调查，如果被查出来工作经历与简历不符，那么Offer将被作废，背景调查留底调入黑名单，因为现在很多公司都会选择同一家背景调查公司进行背调，所以如果你被一家规模比较大的背调公司拉入黑名单，基本意味着终身无缘很多一线大公司了。这一点对求职者很重要，在网上确实也有人出现了隐瞒工作经历被查出来Offer被大厂作废的先例。写简历一定要真实，不然一旦被查出来会出现很大的问题。

10.4
未来发展的趋势

10.4.1 不要神化用户体验

近几年用户体验设计从小众走向大众，逐渐成为一个非常热门的事情，对于一个设计从业者而言，这是非常好的事情，但是万事万物都有利有弊，很多初学用户体验的设计师们很容易陷入这个误区：他们热衷于无限拔高用户体验的重要程度，同时又非常容易沉浸在自我的世界里，用非常主观的角度去看待问题。在前面写到过一个例子了，哪怕产品开始系统性的使用"可用性测试"，最终还是因为配套的商业策略问题，导致销量不佳，对于很多用户体验的"狂热爱好者"来说，必须认识到一个问题：用户体验只是产品成功要素中的一块拼图，它非常重要但是也不能过度"神化"。

10.4.2　好的体验逐渐趋于平常

前文中讲到过一句话：“在经历过糟糕的用户体验之后，用户才会知道他们想要的是什么、什么是更好的。”

这就像有一个杯子装满了热水，有人在用手握住杯子的时候被烫到了，在经过这类的糟糕体验后，他就知道以后在买杯子的时候要挑选隔热性更好的。在这里还有另一句话：“在绝大部分的产品都将用户体验做得非常优秀时，用户体验差的产品固然会失去一定的竞争力，但是随着时间的推移，用户对那些十分出彩的体验设计的态度会从惊艳慢慢转变为平常。”

在2011年的时候，有人提出过一个问题：“你在生活中遇到过哪些非常优秀的用户体验？”在回答区里有一位用户的回答，他提到了线下生活中的一个场景。在逛商场的时候，商场中的用户想要就餐就必须要排很久的队，这一段时间非常漫长，会让人有点儿不耐烦。有的商家为此推出了排队叫号的系统，你在输入手机号码和用餐人数后，取到自己的号码就可以去继续逛商场，同时，在快轮到你的时候会有短信通知。这样能为用户节省下很多时间，也能提升商家的生意。

但是，现在我们逛商场的时候，有非常多的商家都具备了这个功能。在这种情况下，如果有人在2021年的回答区里上传了这个回答，你看到以后可能会觉得有点儿疑惑“这不是非常正常的事情吗？”

再进一步思考，其实大家心中对于优秀体验的标准都有一条“及格线”，这条“及格线”的标准每年都在上升，只有达到以上的体验，才会获得用户的夸赞。

10.4.3　曾经能触动用户的体验会被淡化

随着时间的推移，很多能够“触动”用户的体验设计可能会被用户淡化、无视。

在本书中“用户增长设计”一章中讲过很多企业会对用户进行分类，然后向不同类型的用户推送营销短信。在早期，这一类的运营方式非常新颖，也取得了非常好的效果。但是到了现在，铺天盖地的营销短信已经淹没了我们的手机。就我个人而言，短信营销对我的影响已经非常之小，甚至到了可以无视的地步，过生日的当天你可以收到十几条祝福短信。在这种情况下，如果一些产品还是希望通过短信去提醒这一类的用户，则可能会收效甚微。

去年我读了一本关于用户增长的书，里面写了非常多的成功案例。在这些案例中，许多产品都通过一些功能的设计直接或间接地获得了用户增长。但是在我看的时候，对里面的一些案例无法做到感同身受。因为现在许多的产品都开始大量运用这些设计，当我熟悉起来的时候，那种“惊艳感”也会淡化不少。

从这个角度我们也可以做一下简单地扩展，方法论其实只是支撑起实战的一根支柱。很多人缺失的并不是方法论，而是缺乏改进问题的能力。就像你穿越到十九世纪，通过理论和数据的分析得出汽车在碰撞后乘客受到严重伤害的概率很高。然后呢？你是否能设计出汽车安全带？

10.4.4　尝试多去了解这个大环境

身为行业中的从业者，我是非常建议设计师了解一些设计之外的事情的，尤其是互联网的发展环境、互联网的发展趋势。首先，你会对很多"你认为不合理"的事情恍然大悟，很多你认为"不合理"和"可优化"的功能设计，背后或许都隐藏着一定的商业逻辑。当你对于你所在的行业进行深入的了解之后，你才能明白产品的核心价值在哪里，才能明白产品用户体验的核心在哪里，在体验与商业产生冲突的时候，用户体验为什么要为某些功能"让步"。

其次，我认识的一些设计师，他们对于自己未来的职业发展都有成熟的规划。如果你去关注一些互联网大事的时间线，你会发现现在很多爆火的产品都不是"一蹴而就"的。什么行业会是下一个风口，什么行业即将会变得火热，这都是需要基于你对环境的高度认知再进行判断。对这个行业的环境足够了解，将会对你未来职业的发展起到巨大的帮助。

10.4.5　找到你的平衡点

上面讲过一个观点，就是在个人学习的过程中不要有惰性但也不要太过于钻牛角尖。说得再直接一些，设计师自我学习和成长的过程，也是管理自己的情绪的过程，要找到明与暗间的均衡点。

对于一个人而言，我们要努力去做到均衡，但是这是一件非常难的事情。尤其是在体验理论的方面。很多从业者都缺乏同理心，他们只用主观的视角对问题进行评判，往往结论有失偏颇。而另一类人则过于客观，受限于他们本身只是一个人，因此当他们运用自己的见解去理解一件事情的时候，常常会怀疑自己的看法——"这也许只是我这么想，并不能代表所有人。"

10.4.6　A/B方案并非一定对立

很多人在分析产品的时候，很喜欢从多个角度进行思考。例如某个产品核心功能的设计方案为什么选择了A而不是B。适当地进行这一类分析，确实会对设计师的思维有一定的提升帮助。不过在进行不同方案的对比之时，需要避免陷入"结果导向"的误区：因为选择了A方案，所以A方案是最好的；而没有被选择的B方案就一定是有问题的。我们需要意识到，对于多个设计方案的选择，可能并不是A很好B很烂的情况，大部分情况下AB方案都是非常好，并不是所谓的选择A就代表B的做法是完全错误的。

10.4.7　体验设计不是曲高和寡的东西，更不是玄学

最后，我们再回到体验设计的这个话题，我自己的公众号经常会转载一些大厂、国外的体验设计思考。但是有

读者经常会反馈："天天说这些，根本看不懂。""能不能讲点儿接地气的事情。"出现这种情况的原因是国内大部分的公司虽然都开始重视用户体验了，但大部分的公司的规模还是比较小的，他们没有意识和能力（财力）去支持设计调研和分析。

很多设计师过得非常纠结，他们在掌握了非常多的用户体验知识后，最终在工作中面对的情况是：老板说，我认为这样做用户体验会好一点。这是非常真实的情况。因此，在这种挫败的感受下，很多人将用户体验视为一种"曲高和寡"的玄学。

如果你真的非常喜欢体验设计，首先最好的办法还是提升自己的能力入职非常好的互联网公司，其次就是在日常的工作中可以适当地运用一些体验知识中的小技巧，去提升产品的精细度，获得积极的反馈。虽然现在交互和体验设计的知识更多地被运用在互联网大厂的产品上，但是你仍然可以从日常生活、工作中感知和理解它。掌握这些知识并不是你学习的终点，就像你学会了各种用户调研的知识，甚至可以做到熟读并默写出来，但是你的情商很低，在这种情况下让你去进行用户访谈肯定难以获得好的结果。

这本身就是一件知易行难的事情，而我们要努力做到的就是知行合一。

感谢

回顾一下自己从踏入这个行业到现在，也经历了不少坎坷。不过庆幸的是我还是慢慢地找到了自己努力的方向。

感谢这些年在站酷、UI中国还有优设网认识的朋友们。

感谢闫界、梓暄、余生、Wind、大阳阳、左胤、上仙修行、谭红玉等朋友，在写这本书的过程中他们给了我非常多的建议和帮助。

感谢纪晓亮、董景博、程远、林晓东、七七六、雨成、林超黑等朋友对本书的支持。

感谢在站酷、UI中国还有公众号上关注我的读者朋友们，有时候我写出来的一些思考仍然不够全面，但是他们仍然给了我最大的善意和鼓励。

感谢汪柯佑编辑以及美术编辑，为这本书的出版付出的努力。